ENNO JANẞEN
MIT LEO G. LINDER

DER
INSELVOGT
VON
MEMMERT

Eine einsame Nordseeinsel,
die Vögel & ich

Besuchen Sie uns im Internet:
www.knaur.de

Aus Verantwortung für die Umwelt hat sich die Verlagsgruppe Droemer Knaur zu einer nachhaltigen Buchproduktion verpflichtet. Der bewusste Umgang mit unseren Ressourcen, der Schutz unseres Klimas und der Natur gehören zu unseren obersten Unternehmenszielen. Gemeinsam mit unseren Partnern und Lieferanten setzen wir uns für eine klimaneutrale Buchproduktion ein, die den Erwerb von Klimazertifikaten zur Kompensation des CO_2-Ausstoßes einschließt. Weitere Informationen finden Sie unter: www.klimaneutralerverlag.de

Originalausgabe März 2021
© 2021 Knaur Verlag
Ein Imprint der Verlagsgruppe
Droemer Knaur GmbH & Co. KG, München
Alle Rechte vorbehalten. Das Werk darf – auch teilweise – nur mit Genehmigung des Verlags wiedergegeben werden.
Redaktion: Ulrike Strerath-Bolz
Covergestaltung: ZERO Werbeagentur, München
Coverabbildung: Leo G. Linder und Shutterstock.com
Fotos im Buch von Leo G. Linder
Satz: Adobe InDesign im Verlag
Druck und Bindung: CPI books GmbH, Leck
ISBN 978-3-426-21492-3

2 4 5 3 1

INHALT

1	Strand ja. Strandbar nein	7
2	So nah und doch so fern	11
3	Flach, menschenleer, fast baumlos – und weiter?	19
4	Mein Wüstenplanet	27
5	Wandernde Inseln	33
6	Im Vorleben Indianer, wochenlang	39
7	Alle Zeit der Welt auf einer Handvoll Erde	47
8	Auge in Auge mit meinem ersten Adler	55
9	Der Kuckuck, die Nachtigall und der ganze, große Rest	63
10	Vorhang auf, Bühne frei – Einzug der Gladiatoren	71
11	Was mache ich hier?	79
12	Das Schweigen der Löffler	87
13	Gibt es Leben auf Kachelot?	95
14	Der Inselvogt in diplomatischer Mission	101
15	Frühe Jahre eines Glückskinds	105
16	Durststrecke mit Lichtblicken	115
17	Von Menschen und Mäusen auf Memmert	123

18	Klavierkonzert auf einer Vogelinsel	129
19	Die Allerheiligenflut	137
20	Die Gedanken sind frei	145
21	Rote, schwarz gesprenkelte Eier	153
22	Nur Fliegen ist schöner	161
23	Das große Staunen	169
24	Vögel verstehen	177
25	Vom Glück der Leichtigkeit	185
26	Krawall auf Memmert	191
27	Bedrohtes Paradies	199
28	Kapitel für alles, was bisher übersehen wurde	207
29	Abschied von Memmert	215

I
STRAND JA.
STRANDBAR NEIN

Es gibt hinreißendere Inseln als meine?

Mag sein.

Wir sind hier nicht in der Karibik. Palmen haben wir nicht, Traumstrände auch nicht. Nicht einmal eine Strandbar.

Aber was heißt »wir«? Ich, müsste es heißen. Ich bin es, der keine Palmen, keinen Traumstrand und keine Strandbar hat. Immerhin habe ich ein Boot, das mich in einer halben Stunde nach Juist bringt, wenn die Vorräte aufgezehrt sind, denn, wie gesagt: keine Strandbar, auch kein Pizzaservice, nichts dergleichen. Das Boot liegt am Rand der Fahrrinne drüben an der Nordküste, und je nach Wasserstand ist gar nicht so leicht dranzukommen, weil ich auch keinen Hafen habe; womöglich dümpelt es weit draußen, und ich muss hinwaten, bis zur Hüfte im Wasser. Ab Windstärke 6 überlege ich mir ohnehin zweimal, ob ich fahren soll, es ist nämlich ein kleines Boot und – lieber hungern als kentern, wenn sich die Frage schon stellt. Ich hab's übrigens ausprobiert. Das ist schon eine Weile her, aber damals habe ich sechs Tage hintereinander ohne Nahrung ausgehalten. Es geht … Also lieber hungern.

Die Sache ist nämlich die: Ich bin allein auf dieser Insel. Wobei allein nicht ganz das richtige Wort ist. Sagen wir lieber: Ich bin hier der einzige Mensch. Und wo ich schon dabei bin, die Verhältnisse klarzustellen: Natürlich ist es nicht meine Insel. Sie gehört mir nicht. Und eigentlich habe ich hier auch nichts verloren. Nichts verloren und nichts zu suchen – jedenfalls nach Ansicht meiner Mitbewohner, von der sie auch nach siebzehn gemeinsamen Jahren nicht abrücken. Sie wollen sich nicht an mich gewöhnen, sie weigern sich strikt, mich anzuerkennen, sie behandeln mich nach all der Zeit noch immer als lästigen Fremdkörper. Jedenfalls komme ich ihnen grundsätzlich ungelegen.

Bis zu einem gewissen Grad verstehe ich sie sogar. Es ist nämlich ihre Insel, und zwar wahrscheinlich schon seit über zweihundert Jahren. Sie reklamieren diese Insel also für sich, und da ich unübersehbar bin, fast immer die höchste Erhebung hier – eine Erhebung auf zwei zügig voranschreitenden Beinen obendrein –, entdecken sie mich regelmäßig schon von Weitem und fliegen unverzüglich auf, schimpfen, zetern und schlagen Krach oder verdrücken sich lautlos: hinter die Dünen, hinaus aufs Meer, in jedem Fall verärgert.

Damit ist es heraus. Ich bin – wenn wir die Kaninchen und Mäuse einmal beiseitelassen – der einzige Nicht-Vogel auf dieser Insel und massiv in der Unterzahl. An manchen Tagen bringen sie es auf 30 000, an anderen auf 100 000 … fast hätte ich gesagt: Exemplare, aber ich würde von meinen Mitbewohnern niemals als »Exemplare« sprechen. Übrigens sind sie sich auch untereinander nicht unbedingt grün, eine verschworene Gemeinschaft bilden sie auf keinen Fall. Aber was meine Person angeht, sind sie sich überraschend einig: Mensch bleibt Mensch, und wenigstens hier, wenigstens auf ihrer Insel wollen sie davon verschont bleiben.

Natürlich respektiere ich ihren Wunsch, so gut es geht, muss aber anmerken, dass auch Vögel nicht immer recht haben. Dass ich hier nichts zu suchen hätte, beruht zum Beispiel auf einem Irrtum. In Wirklichkeit können sie froh sein, jemanden wie mich zu haben, so wie ich meinerseits über ihre Anwesenheit täglich aufs Neue hocherfreut bin.

Und damit komme ich auf die Frage zurück, ob es hinreißendere Inseln gibt.

Nein. Nicht für mich. Klar, keine Palmen, keine Traumstrände, keine Strandbars, alles zugegeben, alles richtig, stattdessen struppiger Bewuchs, etwas Buschwerk, ansonsten Disteln, Grasbüschel, Salzwiesen, Priele, Bodenunebenheiten, die nur für das liebende Auge eine Hügellandschaft bilden (na ja, warten Sie ab …), und Dünenriegel, die einem das Meer vom Hals halten, wenigstens am Westrand der Insel (anderswo hat die Sturmflut jederzeit freien Zutritt). Und sogar Sandstrand (aber kein Vergleich mit Juist) sowie ein Haus, ein einziges Haus, nämlich mein Haus. Mithin alles eher karg und ziemlich wild, alles in einem permanenten Übergangsstadium, aber – welche andere Insel bietet ein vergleichbares Schauspiel? Hier leben Vögel aller Art und jeder Größe, vom Rotschwanz bis zum Seeadler, Schwimmvögel, Watvögel, Seevögel, Greifvögel, Singvögel, die in riesigen Kolonien oder auch ganz für sich ihre Nester haben, ihre Eier legen und ausbrüten, später rastlos ihre Küken päppeln, noch später dem Nachwuchs mit Engelsgeduld Flugunterricht erteilen und zu guter Letzt in hellen Scharen aufbrechen, nach Süden, einige im Formationsflug, andere in großen schwarzen Schwärmen. Ganz von denen abgesehen, die ihre Reise hier mehr oder weniger kurz unterbrechen, um sich für den Weg in die Arktis (oder nach Afrika) zu stärken, auf meiner, ihrer, sagen wir ruhig: unserer Insel in der Nordsee. Und ich habe das unverschämte Glück, dabei und mittendrin zu sein. Die ganze Zeit. Als einziger Mensch. Als Inselvogt von Memmert.

2
SO NAH UND DOCH SO FERN

Memmert … Sie werden nie hier gewesen sein. Auch ich habe mich von Memmert wohlweislich ferngehalten, als ein anderer noch Inselvogt war und ich von meinem jetzigen Dasein nicht mal zu träumen wagte. Denn über der legendären Vogelinsel schwebte ein großes, wenn auch unsichtbares Betreten-verboten-Schild, und das ist bis heute so. Memmert ist tabu, für Urlauber und Freizeitkapitäne, aber auch für meine nächsten Nachbarn auf Borkum und Juist.

Die Situation ist recht bizarr, das gebe ich zu. Juist ist zum Greifen nah, Borkum ebenfalls in Sichtweite, und des Nachts empfange ich die Lichtsignale des einen wie des anderen Leuchtturms. Um mich herum, am Himmel, auf dem Wasser, auf den Nachbarinseln, herrscht also normales Leben. Hubschrauber überfliegen Memmert auf dem Weg zu den Windkraftanlagen draußen im Meer, Tanker und Frachter ziehen in einiger Entfernung vorbei, und was die Yachthäfen am Festland und auf den Inseln an Booten fassen, das schwimmt früher oder später auch hier vorüber. Dazu kommen die alteingesessenen Insulaner, die Memmert genauso zu ihrem Revier rechnen wie das Wattenmeer und die offene See. Und sie alle, deutsche Touristen, holländische Touristen, Einheimische von der Küste und Ureinwohner der Inseln, freiheitsliebend oder unternehmungslustig, wie sie sind, sollen bis zu ihrem Lebensende von diesem geheimnisvollen Eiland gleich vor ihrer Haustür ausgeschlossen bleiben?

Das wurmt den einen oder anderen. Was gibt es auf der verbotenen Insel zu sehen, was keiner sehen darf (außer mir)? Und wie kommt der Inselvogt eigentlich so zurecht? Ist der Mann vom ewigen Meeresrauschen und Vogelkreischen nicht längst verrückt, trunksüchtig, zumindest wunderlich geworden oder führt er – immerhin auch möglich! – eine beneidenswerte Existenz? Solche Fragen können nach einer Woche Ferien quälend werden, und dann rücken sie doch an: Neugierige wie die beiden holländischen Motorbootfahrer, die ich bei Niedrigwasser im Watt vor Memmert entdeckte. Sie hatten sich trockenfallen lassen, und praktisch denkend, wie unsere niederländischen Nachbarn sind, waren sie prompt darangegangen, ihren Bootsrumpf zu lackieren – sechs Stunden Wartezeit sollten nicht ungenutzt verstreichen.

Solche Leute nehme ich mir vor. Nicht, weil ich ungestört sein will (Na gut, das auch. Ungestörtsein ist eins der Privilegien des Inselvogts.). Aber wir befinden uns hier, verflucht noch mal, im Nationalpark. Wir befinden uns hier sogar in der hochsensiblen Ruhezone 1. Obendrein ist hier alles Weltnaturerbe, das Wattenmeer steht für die UNESCO mit sensationellen Landschaften wie dem Grand Canyon auf einer Stufe. Da gibt es Spielregeln, und ich bin weit und breit der Einzige, der Unheil von diesem einmaligen Fleckchen Erde abwenden kann.

Was mich freut: Meine Sportsfreunde da draußen

sitzen auf dem Trockenen, die können nicht fliehen. Ich laufe also los, die Dünen runter über den Strand und raus ins Watt. Die sollen mich kennenlernen ... Noch nie was von Weltnaturerbe gehört? Welt-Natur-Erbe? Na, klingelt da was bei euch? Oder wollt ihr mir weismachen, davon stehe in eurer Seekarte nichts drin? Mein Vorgänger wäre jetzt jedenfalls in die Vollen gegangen, der war ein streitbarer Mensch.

Doch der Weg zieht sich, und da passiert's: Mein anfänglicher Groll verfliegt. Aber zeigen muss ich mich. Wenn sich herumsprechen würde, dass der Inselvogt ungebetene Gäste verschläft, kämen sie über kurz oder lang mit einer kleinen Armada zurück. Dann würden die Gewässer ringsum zum Eldorado für Sportschiffer, und auf Memmert wäre Party. Sie kämen aus allen Richtungen und würden hier Grillfeste veranstalten. Bloß nichts einreißen lassen. Am Ende verfallen auch die zwei da vorne auf die Idee, am Strand ein Feuerchen zu machen und den Gettoblaster anzuwerfen, wenn sie mit ihrem Bootsanstrich fertig sind. Die sollen wenigstens wissen, dass sie hier im Watt jederzeit unter Beobachtung sind. Aber gut, versuchen wir's zunächst auf die freundliche Tour; zusammenfalten kann ich sie immer noch.

Aha, meine holländischen Freunde verstehen kein Wort Deutsch. Große Augen, verständnislose Mienen, kalte Schultern. Schön, ich kann auch Plattdeutsch reden, und einen Holländer, der mein Platt nicht versteht, den gibt es nicht; folglich werde ich jetzt doch etwas strenger. »Komisch. Ich kann euch verstehen – und ihr wollt mir erzählen, dass ihr mich nicht versteht?«

Jedes Wort verstehen sie. Und langsam tauen sie auf. Werden zugänglich. »Ihr wisst, dass ihr hier nicht liegen dürft? Bitte schön, sobald das Wasser kommt, habt ihr zu verschwinden.« Das kennen sie eigentlich, in den Niederlanden ist es nämlich strengstens verboten, sich im Watt trockenfallen zu lassen. Der niederländische Naturschutz fährt sogar mit Patrouillenbooten rum, und wer sich erwischen lässt, für den wird's richtig teuer. »Ich behalte euch im Auge, und wenn die halbe Tide erreicht ist, zieht ihr weiter.«

Was sie dann auch getan haben.

So wie alle anderen, die ich in den letzten Jahren erwischt habe. Viele waren es, offen gesagt, nicht, und wenn, stellten sie sich als Auswärtige aus den großen Hafenstädten an der Küste heraus, aus Cuxhaven, aus Hamburg oder Bremen. Segler und Motorbootfahrer, denen vielleicht gar nicht klar war, dass Memmert tabu ist. Es gab sogar Jahre, in denen es zu keiner einzigen Störung des Inselfriedens gekommen ist.

Grundsätzlich setze ich auf Diplomatie und freundliche, wenn auch deutliche Worte.

Mein Vorgänger, wie gesagt, betrieb eine andere Außenpolitik. Der lag mit vielen in Fehde. Aber die Zeiten waren auch andere. Der musste kämpfen, um den Nationalpark durchzusetzen, und damals traf Dickschädel auf Dickschädel. Zur großen Verstimmung kam es dann so: Schutzgebiet war die Insel schon lange, wegen der Vögel, aber im Lauf der Jahre gesellte sich Titel zu Titel: 1907 wurde Memmert zur Vogelfreistätte erklärt, in den Zwanzigerjahren zum Naturschutzgebiet, dann zum Biosphären-Reservat, und 1986 schließlich kam der Nationalpark hinzu, und zwar in seiner verschärften Form, das heißt: als Ruhezone 1. Nun war fast alles verboten, und jetzt stelle man sich vor: Nicht allein Memmert kam in den Genuss der strengsten Regeln, auch das Wattenmeer als Ganzes, selbst bestimmte Teile von Juist.

Die Freude darüber hielt sich in engen Grenzen, denn die Insulaner waren nicht gefragt worden. Die Einteilung ihres Lebensraums in Schutzzonen – und zum Lebensraum der Inselbewohner gehört natürlich auch die Zwischenwelt des Wattenmeeres – war über ihre Köpfe hinweg geschehen. Nun sind die Insulaner von allen freiheitsliebenden Ostfriesen die freiheitsliebendsten. Diese Menschen nehmen es seit Menschengedenken mit unerbittlichen Gewalten auf, mit höheren Gewalten jedenfalls als einer Landesregierung, nämlich mit Sturm und Meer, und jetzt sollten sie nicht mal mehr Herren der eigenen Insel sein? Jetzt sollten sie sich in ihrer Bewegungsfreiheit einschränken und vorschreiben lassen, wo sie herumlaufen durften und wo nicht? Man kann sich ihre erste Reaktion denken: Empörung und Ablehnung. Müssten sie jetzt alle Badegäste in der Ferienzeit an die Leine legen? Und wer wollte sie wohl daran hindern, mal eben nach Memmert rüberzufahren? Dazu würde man nicht mal ein Motorboot brauchen, dass ließe sich auch rudernd mit jedem Kahn bewerkstelligen …

Nun, ganz einfach: der Inselvogt von Memmert hinderte sie. Mein Vorgänger. Der nämlich kämpfte – für die Vögel, für den Nationalpark und gegen alle Versuche, Gewohnheitsrecht auf Kosten des Tierschutzes durchzusetzen. Er war mit Memmert verwachsen und setzte die neuen Regeln rigoros durch. Er war mein Vorkämpfer, und ich werde von diesem großartigen Mann später mehr erzählen. Für den Augenblick aber möchte ich zum besseren Verständnis der eigentümlichen Mentalität eines

Inselvogts Bilder aus der Vergangenheit von Memmert beschwören. Bilder, die jedem Inselvogt in den Sinn kommen, wenn er ungebetener Gäste ansichtig wird. Es sind abstoßende Bilder.

Vor mehr als hundert Jahren war Memmert nämlich alles andere als ein Vogelparadies. Es diente als Ausflugsziel für schießwütige Einheimische und Badegäste. Zur allgemeinen Belustigung setzte man an schönen Tagen von Juist aus über, mit Vorliebe in der Brutzeit, jeder mit einer Flinte ausgerüstet, und schoss dann nicht selten auch auf brütende Vögel in ihren Nestern, auf Möwen und Seeschwalben in der Luft, auf die Kaninchen am Boden. Tote und verletzte Vogelkörper wurden achtlos liegen gelassen, man plünderte Nester und zertrümmerte Eier. Allenfalls riss man geschossenen Vögeln ein paar Schwanzfedern aus, um sie sich an den Hut zu stecken.

Heute, wo ein ganz anderes Verständnis für die Einzigartigkeit der Vogelwelt Memmerts herrscht, ist eine solche Freizeitbeschäftigung unvorstellbar – aber damals waren eben andere Zeiten, und die Menschen hatten mit Naturschutz noch nicht viel im Sinn. Auch später noch, in den Fünfzigerjahren, wollten Fischer, Schiffer und Inselbewohner nicht von der lieb gewordenen Gewohnheit lassen, auf Memmert Möweneier zu sammeln und Kaninchen zu schießen – und wo man schon dabei war, auch mal ein paar Enten. Ja, selbst in den Achtzigern noch trafen sich aufgebrachte Sportbootfahrer, die sich ihre Strandpartys vom Inselvogt nicht nehmen lassen wollten, vor Memmert und versuchten, die Insel einzukreisen, als Protestaktion, als Drohgeste. Man versteht jetzt: Die idyllischen Verhältnisse, unter denen ich hier lebe, mussten der Ignoranz und dem Amüsierbedürfnis abgetrotzt werden. Es sind solche überlieferten Erzählungen der Zerstörung, die einen Inselvogt in Alarmbereitschaft halten, solche Erinnerungen, solche Zustände – und wer kann sagen, dass sie unwiderruflich vorbei sind?

Nein, ich bleibe wachsam. Wenn ich einen Eindringling entdecke, gehe ich raus, auch dann, wenn ich mich nach einem anstrengenden Tag in den Salzwiesen gerade vor dem Fernseher niedergelassen habe. Sollen sie ihre Neugier noch etwas bezähmen. Sollen sie sich gedulden, bis wir August haben, bis der September kommt – in diesen Monaten nämlich darf man sich an einigen Tagen ganz offiziell auf Memmert umschauen. Dann werde sie mich von meiner gastfreundlichen Seite kennenlernen und nebenbei wohl auch die Frage beantwortet finden, ob ich vom ewigen Meeresrauschen und Vogelgeschrei nicht längst verrückt, trunksüchtig, zumindest wunderlich geworden bin, oder ob ich – immerhin auch möglich! – eine beneidenswerte Existenz führe.

3
FLACH, MENSCHENLEER, FAST BAUMLOS – UND WEITER?

Was ist auf Memmert eigentlich los?

Gute Frage. Sehr wenig und sehr viel, würde ich sagen, und beides gleichzeitig. Wenn ich im Abendlicht aus dem Fenster meiner Dienstwohnung schaue, ist höchstwahrscheinlich gar nichts los. Bei Flut legt sich ein dünner blauer Kranz von Wasser um meine Insel, bei Niedrigwasser scheint sie von Horizont bis Horizont zu reichen, und alles, was ich sehe, strahlt Frieden, Einsamkeit und Stille aus. Keine Bewegung, es sei denn, der Wind peitscht die wenigen Bäume. Vielleicht sitzen zwei Graugänse auf dem Damm, der das Haus vor den schlimmsten Sturmfluten schützt, und drei Austernfischer mit spitzen, roten Schnäbeln leisten ihnen nach einem langen Tag im Watt Gesellschaft. Vielleicht steht sogar ein junger Fischreiher unschlüssig auf dem gepflasterten Weg vorm Haus herum, und wahrscheinlich sitzt wieder die einzelne Möwe auf dem Gedächtniskreuz des allerersten Inselvogts, möglicherweise von ihrer Kolonie abgeordnet, von dort oben ein wachsames Auge auf die Umgebung zu haben, man weiß ja nie … Schließlich lebt da unten einer, der nicht zu ihnen gehört.

Ansonsten tut sich nichts. Mit ein paar Schritten bin ich auf der nächsten Anhöhe und kann beinahe die ganze Insel überblicken. Ihre Abstammung aus der Familie der Sandbänke kann Memmert bis heute nicht verleugnen, so flach, wie diese Handvoll Land ist. Aber da sich meine Insel nun schon seit geraumer Zeit wacker gegen die See behauptet, bringt der ehemalige Sandboden eine Vielzahl von Pflanzen hervor, und in der Abendsonne strahlt sie auf: das Gebüsch in silbrigem Grün, die Dünengräser wie von Goldfäden durchzogen, in der Ferne aber auch in einem intensiven Rotviolett, mit glitzernden Wasserflächen von Tümpeln und Prielen dazwischen.

Das Violett kommt vom Strandflieder, der in den Salzwiesen im Osten der Insel weite Flächen fast lückenlos bedeckt: an sonnigen Tagen ein traumhafter Anblick. Im Süden wiederum gibt es ein ganzes System von Prielen, die wie Flüsse zusammenlaufen und sich zu einem Hauptstrom vereinigen, der sich ins Watt entwässert, der sein Wasser allerdings auch von dort erhält – im Grunde nichts anderes als eine Reminiszenz an den einstigen Meeresboden, der von ebendiesen Prielen durchzogen war.

Und am östlichen Rand der Insel kommt man in den sonderbarsten Teil, die untere Salzwiese. Ist das noch Wattenmeer, ist das schon Land? Schwer zu entscheiden. Der Rand der Salzwiese stellt den jüngsten Teil der Insel dar, ganz frisch, ganz neu, seiner Identität noch nicht ganz sicher und dem Meeresboden immer noch verwandt – man sieht schon Land, aber man ahnt noch die See. Zentimeter um Zentimeter wächst hier die Insel aus dem Meer heraus, unter tätiger Mithilfe der ersten, primitiven Vegetation. Denn Pflanzen lassen sich nicht lange bitten.

Kaum besteht Aussicht darauf, dass sich ein paar Quadratmeter Wattboden von der Herrschaft des Meeres befreien, schon siedelt sich da und dort der Queller an, kommt dem entstehenden Land zu Hilfe und stabilisiert es. In diesem Übergangsbereich bietet sich das faszinierende Bild einer leicht gewellten, gelbgrün schimmernden, immer noch feuchten Urlandschaft, von Lagunen und Pfützen durchsetzt – ein Stück Meeresboden auf dem beschwerlichen Weg zu festem Land.

Und näher zum Haus hin gibt es Bodenwellen: bewachsene Dünen, die sich am Westrand zu einem regelrechten Dünenriegel zusammenschließen, gerade dort, von woher die größte Gefahr droht. Die See greift bei Sturmflut ja am heftigsten von Nordwesten an, und ganz sicher kann man nie sein, aber ich vertraue meinen Dünen. Und dort, an der Nord- und der Westküste, habe ich tatsächlich richtigen Strand, wie auf Juist und Norderney oder den anderen Inseln, nur etwas bescheidener.

Ist das jetzt Gelände, oder kann man das schon als Landschaft bezeichnen? Mir fallen drei mögliche Antworten ein. Wer zum ersten Mal am Strand von Memmert an Land geht, wird nach einem kurzen Rundblick vermutlich denken: Ganz schön eintönig hier. Alles flach, alles von einem struppigen grünen Teppich überzogen, nach spätestens zwei Tagen würde ich mich hier langweilen … Sodann könnten wir die Antwort der Vögel einholen, die ungefähr folgendermaßen ausfallen würde: Memmert? Ideal! Wir sind ja extrem wählerisch. Von uns gibt es hier hundert Arten und mehr (es sind bis zu hundertsechzig Brut- und Rastvögel, die vorkommen können, Anm. d. Autors), und jede ist anders, jede von uns hat ihre eigene Vorstellung von einem optimalen Brutplatz. Die einen brauchen Deckung, die anderen offene Landschaft, einige legen ihre Eier direkt am Strand, andere bauen ihre Nester am Rand der Priele, wieder andere brüten sogar im Kaninchenbau. Manche lieben die Geselligkeit riesiger Kolonien, manche sind sehr auf ihre Privatsphäre bedacht und sondern sich ab, und dennoch ... Obwohl unsere Ansprüche und Vorlieben unterschiedlicher nicht sein könnten, findet jeder auf Memmert einen Brutplatz nach seinem Geschmack. Also gar keine Frage: So stellen wir Vögel uns eine abwechslungsreiche Landschaft vor.

Und dann gibt es noch die Ansicht des Inselvogts, und der findet: Man vertue sich nicht! Klein und eintönig wirkt Memmert allenfalls aus der Luft. 1,5 Kilometer laufe ich von meinem Haus bis zum Strand im Norden, 3 Kilometer sind es bis zur Südspitze, und für mich, der ich die Insel manchmal von morgens bis abends durchstreife, wechselt die Landschaft ständig – jedes Mal fallen mir Veränderungen auf, zu jeder Jahreszeit zeigt sie ein anderes Gesicht, denn Memmert ist Landschaft im ursprünglichsten Sinne. Es ist eine der wenigen ganz und gar urwüchsigen Landschaften Deutschlands, eine Wildnis ohne das kleinste Einsprengsel von Zivilisation – wenn man von meinem Haus und dem Schuppen absieht. Aber es gibt keine Reklametafeln, keine Werbeplakate, keine Handymasten, keine Strommasten, auch keine sonstigen Eingriffe von Menschenhand in die Gestalt oder das Wachstum der Insel. Wo sonst in Deutschland gibt es das noch: Natur, die tun und lassen darf, was sie will? Die sich nicht unterordnen muss, die weder benutzt noch gebändigt noch verschandelt wird? Memmert ist nach wie vor einzig den unkalkulierbaren Kräften der Natur ausgesetzt; nur Wind, Wetter, Sturmfluten und Gezeiten arbeiten am Gesicht dieser Insel – wobei ...

An dieser Stelle ist ein Geständnis fällig. Einmal habe ich doch nachgeholfen. Ein ganz kleines bisschen und mit aller gebotenen Zurückhaltung. Nämlich nach der gewaltigsten Sturmflut, die ich auf Memmert erlebt habe, der Allerheiligenflut des Jahres 2006, von der ich bei Gelegenheit noch ausführlicher erzählen werde.

Memmert hatte damals gelitten, aber überlebt. Zum Glück hatte der Dünengürtel am Westrand einigermaßen gehalten, aber an einer Stelle hatte die Wucht der Sturmflut ihn doch durchbrochen, und nun klaffte dort eine Lücke. Jetzt war ich gespannt: Was würde an dieser Stelle beim Zusammenspiel von Wind, Sand und Vegetation herauskommen? So oft es sich einrichten ließ, ging ich vorbei, sah mir die allmählichen Veränderungen an der durchbrochenen Stelle aus der Nähe an und stellte fest: Der Wind beschleunigte sich in dieser Lücke. Sie wirkte wie ein Trichter, in dem der Wind noch einmal richtig Fahrt aufnahm. Dabei transportierte er natürlich Sand, der sich aber im Rücken der Dünenkette gleich wieder ablagerte, weil er sich in den Gräsern verfing. Nach kurzer Zeit hatte sich dort bereits ein neuer kleiner Hügel gebildet.

Nun hatte ich ja irgendwann verstanden, wie eine Düne entsteht: Herangewehter Sand verfängt sich in Grasbüscheln und verschüttet diese Büschel mit der Zeit, wächst über sie hinaus. Die alten Gräser bilden sich dann zu den Wurzeln neuer Gräser um, in denen sich neuer Sand verfängt, wenig später schon sprießt wieder frisches Strandgras auf allen Seiten, und so wächst die anfängliche

Babydüne immer weiter und immer höher. Peu à peu würde sich die Lücke in meiner Dünenkette also ganz von selbst schließen – und genau das musste unbedingt verhindert werden!

Denn mir schwebte etwas viel Gewaltigeres als eine normale Düne vor. Mir schwebte die höchste Erhebung auf Memmert vor. Ein Berg! Und ich wusste auch, wie ich vorzugehen hatte: Dieser Trichter musste offen bleiben. In dieser Lücke durfte kein Gras wachsen, sonst würde sich der Trichter schließen und die Windgeschwindigkeit abnehmen. Also habe ich die Öffnung von Bewuchs freigehalten, sodass der Düseneffekt erhalten blieb und der Sand weiterhin ungehindert durchgeblasen wurde. Und tatsächlich: Jahr um Jahr wuchs diese rückwärtige Düne höher. Dreizehn Jahre später ist sie längst die höchste Erhebung von Memmert. Ich habe mir erlaubt, diese Riesendüne mit einem Anflug von Stolz Mount Memmert zu nennen.

Mein Berg ist ein prachtvoller Anblick. Das Wahrzeichen von Memmert, gleich imposant von der Seeseite wie von der Landseite (oder bilde ich mir das ein?). Bisweilen beunruhigt mich die Vorstellung, die nächste größere Sturmflut könnte meinem Berg dermaßen zusetzen, dass seine Pracht dahin wäre; im Übrigen aber bin ich einfach glücklich, dass mein Plan aufgegangen ist. Dieses Dünenexperiment war ja nichts als eine Liebhaberei, ein Privatvergnügen, dem ich nach Feierabend nachgegangen bin, wenn ich zufällig vorbeikam oder auf dem Rückweg von der Strandsäuberung war. In diesem Fall hatte ich sowieso einen Spaten dabei, also wurden schnell ein paar Grasbüschel entfernt, und schon konnte das Spiel weitergehen. Seither weiß ich jedenfalls, wie man unter freundlicher Mithilfe von Sand, Wind und Gras mit einem Spaten und zwei, drei Sandfangzäunen ausgewachsene Sandberge erzeugt.

Memmert wird mir diese harmlose Verschönerungsmaßnahme verzeihen. Ansonsten respektiere ich ja, dass meine Insel in Ruhe gelassen werden möchte. Es sind nämlich nicht nur die Vögel, die ungestört bleiben wollen, es ist dieser kleine Flecken Erde selbst, der darauf besteht, unbehelligt zu bleiben.

Sicher auch deshalb, weil er intensiv mit sich selbst beschäftigt ist. Denn hier tut sich was, ununterbrochen. Hier ist richtig was los. Selbst Spektakuläres tut sich, aber es geschieht nach den Gesetzen des Universums, das heißt: selten mit Getöse, fast immer diskret, unmerklich, still und leise. Klar, für jähe Veränderungen haben die meisten Menschen ein Auge, aber wer auf Dramatisches spekuliert, wird auf Memmert enttäuscht. Die Kreativität der Erde äußert sich fast immer in einem lautlosen, allmählichen Wandel, und wer den mitbekommen will, muss sich umstellen. Er muss zum Beispiel sein Zeitgefühl von Uhrzeit auf Tages- und Jahreszeit umstellen. Er sollte auch alle Ambitionen des modernen Menschen vergessen. Und er sollte sich vor allem von dem zwanghaften Bedürfnis befreien, ständig und überall eingreifen zu müssen. Er muss sich, mit einem Wort, vom rastlosen Macher in einen staunenden Beobachter verwandeln.

Ich fühle mich in der Rolle des staunenden Beobachters wohl. Sie entspricht meiner Natur und meinen Wünschen. Deshalb bin ich hier. Und daher weiß ich auch: In Wahrheit ist in meiner kleinen Inselwelt alles ununterbrochen in Bewegung.

4
MEIN WÜSTENPLANET

Memmert bewegt sich. Memmert wächst. Und ringsumher wächst und bewegt es sich ebenfalls, denn Memmert ist nicht allein. Genaugenommen haben wir hier nämlich ein kleines Archipel, das als Ganzes sich selbst überlassen ist, und wenn mich nicht alles täuscht, bahnen sich hier Verschiebungen und Verschmelzungen an, die im Endeffekt zur Geburt einer neuen, großen Insel führen werden.

Aber stellen wir diese Vermutung einstweilen zurück. Fürs Erste sollte ich meinen direkten Nachbarn im Westen vorstellen: die Kachelotplate. Ein seltsamer Name? Wohl wahr. Wahrscheinlich ist sogar beides, Plate wie Kachelot, erklärungsbedürftig. Also, zum besseren Verständnis: Unter Plate versteht man eine Sandbank, die den Meeresspiegel so weit übersteigt, dass sie bei regulärem Hochwasser nicht mehr überspült wird. Gewöhnliche Sandbänke tauchen im Rhythmus der Gezeiten auf und unter, Seehundbänke zum Beispiel verschwinden mit jeder Flut, aber Platen tun das nicht; sie weisen Flächen auf, die auch bei Hochwasser trocken bleiben – ein erster Sieg über das Meer.

Übrigens hat auch Memmert so angefangen. In den Küstenkarten des 17. Jahrhunderts ist die Insel als Sandbank weit draußen im Trichter der Emsmündung zwischen Borkum und Juist verzeichnet. Bis Ende des 19. Jahrhunderts hat sie sich dann zur Plate gemausert, mit ersten kleinen Dünen und einer robusten Pflanzenwelt im Inneren, viel Gras und etwas Gebüsch. Und 1923 war es dann so weit – seither ist Memmert ganz offiziell eine Insel.

Heute ist Kachelot eine der größten Platen der Nordsee, und sie liegt unmittelbar vor meiner Haustür – ich kann bei Niedrigwasser sogar mehr oder weniger trockenen Fußes hinüberlaufen und tue das auch gelegentlich, weil mich die raschen Fortschritte von Kachelot faszinieren. Aber ursprünglich war Kachelot als sozusagen anonyme Sandbank nordöstlich von Borkum aufgetaucht, und den Borkumern verdankt sie auch ihren Namen – der nicht mehr ganz so sonderbar erscheint, wenn man weiß, dass die Bewohner dieser Insel früher Walfänger waren und Cachelot das französische Wort für Pottwal ist.

Der Pottwal aus Sand ist den Borkumern nicht treu geblieben. Er ist ostwärts gewandert und macht neuerdings Anstalten, sich mit Memmert zu vereinigen. Ohne Übertreibung lässt sich sagen: Vor meinen Augen, nämlich von Memmert aus gut sichtbar, spielt sich ein kleines Kapitel der großen Schöpfungsgeschichte ab.

Ich gestehe: Kachelot übt auf mich eine magische Anziehung aus. Jeder Abstecher dorthin ist für mich wie Kino. Als wäre ich der Zuschauer eines Films, werfe ich hier einen Blick zurück in die Vergangenheit von Memmert, denn auf Kachelot wiederholt sich die Entstehungsgeschichte meiner eigenen Insel. Und jedes Mal überkommt mich dann das merkwürdige Gefühl, dass Sandbänke dieser Größe mit einem eigenen Überlebenswillen ausgestattet sind. Wer diese Plate früher gesehen hätte, würde jedenfalls seinen Augen nicht trauen.

Als ich 2003 meinen Dienst auf Memmert antrat, bot Kachelot noch das Bild eines Wüstenplaneten. Eine Einöde aus Sand, aber weißer und flacher als jede Wüste – unbewohnt natürlich und auch unbewohnbar, weil reine Natur, der Dynamik von Wind und Wasser schutzlos ausgesetzt, ein Laboratorium der Elemente. Ich war von dieser grenzenlosen weißen Stille überwältigt. Bei meiner ersten Begegnung mit Kachelot war ich nicht allein: Zwei Kollegen begleiteten mich, und keiner von uns dreien konnte aufhören zu fotografieren – jeder berauschte sich an dieser grandiosen Leere und der Vorstellung, auf einen unbekannten Kontinent aus feinstem Sand verschlagen worden zu sein.

Doch schon damals gab es Anzeichen dieses Überlebenswillens, denn im Inneren von Kachelot hatten sich bereits vereinzelte Grasbüschel angesiedelt, und es hatten sich da und dort kleine Primärdünen gebildet, die wie verlorene Inseln im weiten Sandmeer der flachen Plate wirkten. Zwar konnte jede mittlere Sturmflut diese Minidünen schnell wieder einebnen, aber unterkriegen lässt sich eine Plate in diesem Stadium nicht mehr, weil die Graswurzeln im Boden bleiben, nach der winterlichen Sturmsaison im Frühjahr wieder austreiben und die Dünenbildung im gleichen Moment erneut einsetzt.

Und heute?

An den Rändern mutet meine Nachbarplate mit ihren schier endlosen blendend weißen Sandflächen zwar immer noch wie ein Wüstenplanet an, aber im Inneren hat sich ein Wunder ereignet: Da grünt es, da wehen Gräser, da überziehen kleine Salzpflanzen wie ein Miniaturwald den Sandboden, und überall verfängt sich angewehter Sand, schichtet sich auf und türmt sich hier und da sogar zu nennenswerten Dünen auf, sodass sich das Niveau der Kachelotplate in diesem Bereich stetig hebt. Die letzte Bewährungsprobe hat sie zu meiner tiefen Befriedigung jedenfalls glänzend bestanden: Im Winter 2020 gab es mehrere mittlere Sturmfluten in Folge, und erstmals in seiner Geschichte wurde Kachelot von der brausenden See nicht mehr vollständig überspült.

Doch noch ganz andere Dinge tun sich. Bei meinem letzten Besuch stand ich zu meiner größten Überraschung im nordwestlichen Teil der Plate vor einem See. Bis vor Kurzem noch hatte sich dort ein Priel befunden, mit offenen Ausgängen zum Meer. Was war geschehen? In relativ kurzer Zeit hatten zwei Sandarme diese Ausgänge versperrt, hatten den Priel abgeschnürt und eingeschlossen, und jetzt präsentierte er sich als malerischer Binnensee, in dem sich ein dramatischer Wolkenhimmel spiegelte. Lange Zeit stand ich andächtig an seinem Rand. Ich war begeistert. Da hatte sich Kachelot also einen See zugelegt ... Was würde als Nächstes kommen? Und um das Maß meines Entzückens voll zu machen, träumte am Ufer des Sees ein einzelner Seehund vor sich hin, von seiner Entdeckung offenbar genauso bezaubert wie ich, denn er bemerkte mich erst, als ich fast neben ihm stand. Dann freilich verschwand er überstürzt im Wasser und tauchte vorerst nicht wieder auf.

Lange Lebensdauer, so fürchte ich, wird diesem See allerdings nicht beschieden sein. Auch er wird versanden und verschwinden – drei Jahre gebe ich ihm, nicht mehr. Es wird ihm nicht anders ergehen als jenem Priel, der Kachelot bis vor Kurzem von zwei vorgelagerten Sandbänken trennte. Sie hatten sich wie Riffe vor die nordwestliche Spitze gelegt, und besagter Priel war von beträchtlicher Tiefe gewesen, sein Wasser tiefblau. Beinahe über Nacht aber hatte sich eine Art Steg aus herangewehtem oder angeschwemmtem Sand gebildet, und früher oder später wird dieses Verbindungsstück den Priel vollständig verschließen. Dann ist es nur noch eine Frage der Zeit, wann es zu einer dauerhaften Verschmelzung dieser vorgelagerten Sandbänke mit Kachelot kommt.

Meine Nachbarplate wächst also kontinuierlich. Sie blüht und gedeiht und dehnt sich aus. In meiner Anfangszeit war sie halb so groß wie heute, mittlerweile umfasst sie schon zwei Drittel der Fläche von Memmert. Täglich erbringt sie den Beweis, dass nur zwei Faktoren zusammenkommen müssen, damit sich eine Sandbank gegen die anrollende See durchzusetzen vermag: Zum einen müssen angespülte Samen im Inneren Fuß fassen, zum anderen muss Sand in größeren Mengen angeweht werden. Sollte die Sandzufuhr anhalten, ist alles möglich, nicht nur der Schritt von der Plate zur Insel; auch eine völlig neue Konstellation in diesem Bereich des Wattenmeeres wäre denkbar. Doch bevor ich auf meine Vermutung zurückkomme, muss ich etwas weiter ausholen.

5
WANDERNDE INSELN

Alle Inseln vor der ostfriesischen Küste haben vor langer Zeit einmal ausgesehen wie Kachelot; sie alle sind recht fragile Düneninseln, bestehend aus diesem lockeren, leicht formbaren Stoff, den wir Sand nennen. Nur Halligen sind ehemalige Festlandsreste.

Und weil Sand so beweglich und formbar ist, wandern alle Ostfriesischen Inseln. Sie driften mit Wind und Strömung von West nach Ost. Das heißt: Heute ist es mit der Wanderschaft vorbei. Für die Bewohner solcher Inseln hätte die Drift natürlich üble Folgen, sie müssten von Zeit zu Zeit ihre Behausungen aufgeben und weiter östlich neu errichten, weshalb man irgendwann die Westköpfe der meisten Inseln mit Deckwerken aus massiven Stein- oder Asphaltkonstruktionen stabilisiert, sie sozusagen fest verankert hat. Nur drei dieser Inseln bilden eine Ausnahme. Juist und Langeoog brauchen keine derartige Schutzvorrichtung, und Memmert, die dritte in diesem Bunde, würde sie zwar dringend brauchen, hat sie aber nicht. Denn Memmert ist, wie gesagt, sich selbst überlassen und daher gewissermaßen weiterhin aktiv. Was das bedeutet, werden Sie gleich sehen.

Im Unterschied zu meinen Vorgängern ziehe ich mich im Winter aufs Festland zurück. Anfang November packe ich in der Regel den Koffer, und wenn ich nach viermonatiger Winterpause Anfang März auf die Insel zurückkehre, frage ich mich regelmäßig: Was wird dich auf Memmert erwarten? Wie wird die Insel diesmal aussehen, nachdem die Sturmfluten an ihr geknabbert haben?

Natürlich bin ich sicher, meine Insel wiederzuerkennen, und rechne damit, dass das Innere kaum größere Überraschungen bereithält. Aber an den Rändern haben sich Wind und Wasser abgearbeitet, dort werden die ungezügelten Elemente Zerstörungen angerichtet und Neues geschaffen haben. Mit einem Gelände auf dem Festland ist Memmert jedenfalls nicht zu vergleichen, das ändert seine Ausdehnung so wenig wie seine Beschaffenheit – jede Karte von meiner kleinen Inselwelt aber ist schon bald überholt, und Luftbilder sind nach einem Jahr bereits wieder veraltet. Wie Kachelot kennt auch meine Insel keinen stabilen Zustand, und insgeheim bin ich sogar der Überzeugung: Memmert ist ein lebendiges Wesen.

Um Ihnen eine Vorstellung davon zu geben, welche Kräfte hier am Werk sind: Bis 2018 sprang einem draußen im Watt vor der Westküste von Memmert eine bizarre Konstruktion ins Auge: eine große Betonplatte, von fünfzehn eisernen Stelzen getragen, ragte dort auf, bei Flut von Meereswasser umspült – ein surrealistisches Gebilde ohne Zweck und Nutzen, ein absurder Fremdkörper. Was hatte dieses Ding dort zu suchen? Wie war es überhaupt dahin gekommen?

Die Antwort lautet: Was da frei in der Gegend herumstand, war zu seiner Zeit das Haus des Inselvogts, das Wohnhaus meines Vorvorgängers, 1956 errichtet, 1971 aufgegeben. Und dieses Haus war bereits das dritte Wohnhaus auf Memmert gewesen, aber wie den beiden vorangegangenen hatte sich die Insel auch diesem einfach entzogen, war sozusagen entwischt. Während sich Memmert unaufhaltsam weiter nach Osten bewegte, blieben die Fundamente am alten Standort zurück – die Plattform, auf der das Haus einst geruht hatte, und die Stelzen, mit denen es vormals in einer Düne verankert gewesen war.

Inzwischen wurde das Hausgestell, wie wir es nannten, abgerissen. Zu meinem großen Bedauern, denn für mich war dieses kuriose Überbleibsel ein Monument der Vergänglichkeit, an dem sich die Dynamik der Naturkräfte demonstrieren ließ, die Fragilität der Küstenlinie, die Unsicherheit menschlicher Wohnstätten auf Memmert. Wären noch Reste der vorhergehenden Häuser erhalten geblieben, hätte man sogar die Spur meiner Insel auf ihrer Wanderung durchs Wattenmeer nachvollziehen können, aber die beiden ersten hatte sich die See schon lange vorher geholt.

Man könnte sich im Nachhinein aber noch anderen, nämlich philosophischen Betrachtungen zum Hausgestell hingeben. Es zeigt sich daran nämlich: So freundlich die Natur auf Memmert zu den Vögeln ist, so wenig Rücksicht nimmt sie auf den Menschen. Wenn mich hier von Fall zu Fall das Gefühl beschleicht, bloß ein widerwillig geduldeter Eindringling zu sein, dann liegt das nicht nur am Verhalten der Vögel – es liegt auch am Verhalten der Insel. Sie hat mit Stabilität und Dauerhaftigkeit nichts im Sinn, sie erfindet sich immer wieder neu, ihr Entstehungsprozess ist niemals abgeschossen, und Häuser oder Schuppen sind ihr vollkommen egal: Die werden von Zeit zu Zeit einfach abgeräumt. Offenbar fehlt es uns Menschen an Flexibilität, an jener Anpassungsfähigkeit also, auf die in der Natur alles hinausläuft und die mir die Vögel dieser Insel tagtäglich vor Augen führen.

Nun, ich bemühe mich. Ich glaube auch, dass ich es auf diesem Gebiet schon ziemlich weit gebracht habe. Trotzdem lautet die nächste, ganz praktische Frage für mich: Und mein Haus – das vierte in der Reihe der Dienstwohnungen des Inselvogts? Wird ihm das gleiche Schicksal blühen?

Durchaus möglich. Ausschließen kann man es nicht. Wie alle Häuser zuvor liegt es im westlichen Bereich der Insel, auf der einzigen nennenswerten Erhebung (wenn wir Mount Memmert für diesmal außer Acht lassen), durch die Hausdüne gegen Überschwemmungen gesichert, durch die Randdünen vor dem Ansturm der See geschützt; nirgendwo auf Memmert darf man sich geborgener fühlen. Doch gleichzeitig ist kein Bereich der Insel gefährdeter, denn Sturm und Brandung greifen von Nordwesten her an, das Meer dringt von dieser Seite her vor, und so gesehen könnte es eines Tages auch hier ungemütlich werden. Vor zwanzig Jahren verlief die Kette der Randdünen jedenfalls viel weiter im Westen. Damals gab es auch durchgehende Randdünen bis zum Südzipfel der Insel, von denen heute nichts mehr übrig ist. Und wenn ich sehe, wie die nordwestlichen Randdünen immer näher heranrücken, dann weiß ich: Auch dieses Haus wird sich nicht ewig halten können. Es sei denn …

Und damit komme ich auf meine Vermutung zurück: Es sei denn, Kachelot verschmilzt mit Memmert zu einer neuen Insel (die, bitte schön, weiterhin Memmert heißen sollte!). Dieses neue Gebilde wäre dann zwar noch immer nicht die größte, wohl aber eine der großen unter den Ostfriesischen Inseln, deren Zahl damit von sieben auf acht gestiegen wäre. Einziger Unterschied: Der Neuling wäre (nahezu) menschenleer. Doch was soll's, es wäre ein Paukenschlag! – auch wenn die restliche Welt kaum Notiz davon nehmen dürfte. Jedenfalls ist es diese Aussicht, die mich mitfiebern lässt, wenn ich sehe, was sich auf Kachelot tut und wie sich Memmert entwickelt.

Das Szenario, das mir vorschwebt, ist also folgendes: Memmert wandert nach Osten, Kachelot wandert nach Osten, aber Kachelot bewegt sich schneller. Noch sind beide durch einen Streifen Wattenmeer getrennt, der bei Hochwasser nach wie vor überschwemmt wird, aber schon hat Kachelot im Süden einen Sandarm ausgebildet, der nach Memmert greift, und früher oder später wird diese Barriere aus Sand den Wattstreifen abriegeln. Dann wird sich das Wasser dort beruhigen, das ganze Feuchtgebiet wird mit der Zeit versanden, und die Verbindung wäre hergestellt.

Ich beobachte aber noch eine zweite Entwicklung. Kachelot ist aus der Sicht des eigennützig denkenden Inselvogts ja vor allem ein riesiges Sandreservoir, für Memmert geradezu eine Schatztruhe. Je näher Kachelot nun heranrückt, desto mehr Sand wird vom Wind nach Memmert eingetragen, mit dem Ergebnis, dass meine Insel sich nicht nur, wie bisher, nach Osten ausdehnt, sondern sich obendrein im Westen stabilisiert, zumal ein weiterer Effekt hinzukäme: Die Wellenenergie bei schweren Nordweststürmen würde durch Kachelot gebrochen und meine Westküste nur noch abgeschwächt erreichen. Schon jetzt wirkt sich meine Nachbarplate wie ein Wellenbrecher aus, in Zukunft aber würde Kachelot allein die ganze Kraft einer aufgewühlten Nordsee zu spüren bekommen, und ich müsste mir um meine Randdünen endgültig keine Sorgen mehr machen.

Nun ja, *meine* Randdünen werden es dann nicht mehr sein. Doch vielleicht wird die Verschmelzung noch zu meinen Lebzeiten stattfinden. Natürlich würde sie das Ende von Kachelot bedeuten. Aber die Existenz von Memmert wäre gesichert, und auch mein Haus – oder sagen wir lieber: *das* Haus, denn zu jenem Zeitpunkt wird ein anderer darin wohnen –, auch dieses Haus hätte nichts mehr zu befürchten.

6
IM VORLEBEN INDIANER, WOCHENLANG

Ungeachtet möglicher Einwände seitens meiner Mitbewohner oder meiner Insel – ich glaube, Memmert und ich, wir passen ganz gut zusammen. Unsere Beziehung hat sich als tragfähig erwiesen, das darf man nach all den Jahren sagen. Doch sie wäre vielleicht nicht ganz so erfreulich verlaufen, wenn ich auf diese Begegnung nicht vorbereitet gewesen wäre – und wenn die Lehren der Insel mich nicht in meinen eigenen Vorlieben bestätigt hätten.

Zum Beispiel … Es dürfte klar geworden sein, dass diese Insel ein einziges Provisorium ist – ja, und genau das ist mir gerade recht, da blühe ich regelrecht auf! In meiner Arbeit liebe ich keine halben Sachen, aber sonst, wenn es um meinen Lebensstil, meine Lebensumstände geht, gefällt mir das Unfertige und Provisorische – es lässt sich wunderbar mit meinem Freiheitsdrang vereinbaren. Bloß keine Perfektion! Alles Perfekte verlangt Unterwerfung, es engt mich ein, es lähmt mich, aber alles Provisorische stimuliert mich wie eine ganze Kanne voll selbst gebrauten Memmert-Kaffees.

Nie fertig werden – das ist ja auch mein Schicksal auf dieser Insel und gleichzeitig mein Antrieb. Jeden Morgen erwache ich auf Memmert mit der freudigen Ahnung, dass mir Unvorhergesehenes, Unerwartetes bevorsteht. Und diese Ahnung beflügelt mich. Ich lebe nun mal gern ins Offene und Ungewisse – wenn man so will: ins Blaue – hinein, ich genieße das Gefühl, dass mein Leben eine Baustelle ist, nie abgeschlossen, stets in Bewegung und Veränderung begriffen – nicht anders als meine Insel. Von Wind und Wasser geformt, befindet sie sich in einem permanenten Übergangsstadium, weil Wind und Wasser nie ruhen. Man mag sie als blinde Kräfte bezeichnen, aber sie schaffen und gestalten unentwegt, und täglich verändert meine Insel ihr Gesicht: meist unmerklich, seltener plötzlich und dramatisch. Eine endgültige oder verbindliche Form gibt es nicht, weder für meine Insel noch für mich. Alles ist hier vorläufig, denn Stillstand ist im großen Schöpfungsplan nicht vorgesehen, und Perfektion widerspricht dem Grundgedanken des Universums. Vollkommenheit ist trotzdem möglich, aber nur für die Dauer eines Augenblicks – und nur für den, der sich bereitwillig mit allen Sinnen auf dieses große Provisorium einlässt. Das eine wie das andere kann man auf Memmert lernen.

Das Verrückte ist: Die unvorhersehbare Wirklichkeit dieser Insel war für mich keine Überraschung – aus dem einfachen Grund, weil ich zeit meines Lebens allerhand Experimente angestellt hatte. Experimente, bei denen ich Versuchsleiter und Versuchskaninchen in einem war.

Wer dieserart mit sich selbst experimentiert, der will sich auf die Probe stellen. Der sagt sich: Mal sehen, wie weit ich gehen kann, was ich mir zutrauen darf, was ich mir zumuten will. Natürlich war hier jene Neugier am Werk, die mir offensichtlich schon in die Wiege gelegt worden war. Es kam aber noch ein zweites Motiv hinzu:

Mein jüngerer Bruder Jens war mit siebzehn Jahren bei einem Autounfall ums Leben gekommen, unverschuldet. Als ich wieder klare Gedanken fassen konnte, stellte sich mir die Frage nach einem sinnvollen Leben. Sie hat mich damals nicht losgelassen, sie hat mich nie mehr losgelassen und zu verschiedenen Ausbrüchen aus meiner bürgerlichen Existenz inspiriert.

Die beherrschende Frage dabei lautete: Auf welche Segnungen der Zivilisation kann ich verzichten? Ich hatte diese Segnungen nämlich schon früh in Verdacht, mir lebenswichtige Erfahrungen vorzuenthalten. Was war eigentlich mit den Segnungen der Natur? Warum sprach kein Mensch davon? Was wäre dabei zu gewinnen, wenn man sich der Natur einmal beinahe ungeschützt aussetzen würde, wenn man sie buchstäblich am eigenen Leib erfahren würde?

Ich beschloss, mich zeitweilig auf das Wesentliche zu beschränken. Und was war das Wesentliche? Zentralheizung, fließendes Wasser, elektrischer Strom und Fernsehen bestimmt nicht. Und so verfiel ich auf die Idee mit dem Tipi, dem berühmten Zelt der nordamerikanischen Ureinwohner. Wie wäre es, mir einen winzigen Ausschnitt ihrer Erfahrungen anzueignen und eine Weile unter freiem Himmel zu leben, nur durch eine Zelthaut von Wind und Wetter getrennt? Damals war ich schon Mitte dreißig, arbeitete nur noch halbtags und konnte mir solche Kapriolen erlauben. Im Übrigen wäre ich nicht aus der Welt, und sollten meine Frau oder mein Sohn mich suchen, würden sie mich hinterm Haus im Garten finden.

Es sollte ein originales Tipi werden, nach der Bauanleitung eines Amerikaners, der sich die Mühe gemacht hatte, die einzelnen Tipimodelle der verschiedenen Indianerstämme zu studieren. Es ging damit los, dass ich mich im Wald auf die Suche nach schlanken Stämmen von geradem Wuchs machte – zehn Meter lang sollten sie schon sein –, fünfzehn davon fällte und einen nach dem anderen zum Haus schaffte – für diesen Produktionsabschnitt brauchte ich den Segen des Försters und bekam ihn. Im Garten verbrachte ich dann einige Zeit damit, sie zu entasten, zu schälen und in Zeltstangen zu verwandeln. Anschließend machte ich mich an die Herstellung der Zeltwand. Von Kuhhäuten sah ich ab – ich hätte sehr viele davon gebraucht – und nahm stattdessen imprägniertes Segeltuch. Das Ergebnis beeindruckte mich: Ein steil aufragendes Tipi von sechs Metern Durchmesser, drei Leute hätten darin bequem Platz gefunden, und Feuer konnte man in seinem Inneren auch machen. Meine Schlafstelle bestand aus Wolldecken statt Büffelfellen.

Bis dahin hatte ich unter anderem gelernt, mit einer Nähmaschine umzugehen, hölzerne Zeltstangen zu bearbeiten und rauchloses Feuer zu machen. Jetzt war ich auf das Lebensgefühl gespannt, das sich bei mir unter diesen naturnahen Bedingungen einstellen würde.

Es wurde eine Zeit ungeahnter Erfahrungen. Woran ich besonders gern zurückdenke: Ein Beobachter war ich von meiner Kindheit an gewesen, jetzt aber wurde ich zum Lauscher, genauer gesagt: zum Belauscher. Wenn ich morgens mit dem Sonnenaufgang erwachte, war es noch totenstill; ich wurde von einem unsichtbaren Universum der Stille empfangen. Dann, gegen sieben Uhr, war es, als würde ein Schalter umgelegt, und die Zivilisation rief sich erneut in Erinnerung. Abgeschirmt von der Außenwelt, nahm ich dieses Grundrauschen der Zivilisation erstmals wirklich wahr, und alle Geräusche waren jetzt deutlicher und präsenter als sonst. Erstaunlich ... Optisch von allem abgeschnitten, war ich akustisch mit meiner Umwelt enger denn je verbunden. So hatte ich mir das gar nicht vorgestellt! Ich sah niemanden kommen, hörte aber Schritte und Atem und konnte auch die Richtung bestimmen, aus der sich der Unsichtbare näherte. Genauso ging es mir mit den Stimmen der Vögel – da eine Amsel, dort ein Fink, ganz oben in der Buche eine Ringeltaube, jeder Vogel war anhand seiner Stimme genau zu lokalisieren. Sie wiederum konnten mich nicht sehen und scheuten sich daher nicht, bis ans Zelt heranzukommen und mir direkt ins Ohr zu singen. So lauschte ich mich allmorgendlich in die Welt hinein.

Gut, sagte ich mir hinterher, ein kleines Abenteuer. Ich hatte noch mal an meine Kindheit angeknüpft, ich hatte mir etwas Romantik gegönnt, ich wusste nach einigen Wochen auch, was mir im Ernstfall wirklich fehlen würde (wenig) und was ich überhaupt nicht vermissen würde (das meiste). Dennoch rumorte tief in mir ein hartnäckiger Zweifel: Sinn oder Unsinn? Wertvolle Erfahrung oder kindische Spielerei? War ich vielleicht doch nichts weiter als ein unverbesserlicher Kindskopf?

Dann kam das Jahr 2003. Im April sagte ich dem Festland für die nächsten zweiundzwanzig Jahre ade, zog hier auf Memmert ein, und plötzlich kam mir alles, was ich in meiner Vergangenheit an Experimenten betrieben hatte, folgerichtig und sinnvoll vor.

Es war der schönste Sommer aller Zeiten. Für dieses eine Jahr schien Memmert wirklich in der Karibik zu liegen. Der Himmel strahlte, das Meer strahlte, die Insel strahlte, ich war auf Harry Belafontes »Island in the Sun«

gelandet und wusste mich vor Glück nicht zu lassen. Sollte Memmert ein eigenes subtropisches Mikroklima haben? Norddeutsches Festlandswetter war das jedenfalls nicht. Dann versiegte der Süßwasservorrat unter der Insel, und damit fiel die Wasserversorgung aus, sieben Wochen lang. Kanister mit Wasser zum Kochen und Kaffeemachen waren noch vorrätig, aber an Wäschewaschen, Geschirrspülen und Duschen war nicht mehr zu denken. Die Toilettenspülung fiel natürlich auch aus, jetzt war Donnerbalken angesagt – also ein Loch in die Dünen graben, hinterher eine Schaufel Sand draufgeben und dieses rurale Prozedere so lange fortführen, bis ein neues Loch fällig war; mich beobachtete ja keiner.

Meine Stimmung blieb ungetrübt, an Entbehrungen war ich gewöhnt. Mir gefiel dieses Leben. War es nicht Luxus genug, auf Memmert ein solches Haus zu haben, reetgedeckt, die Zimmer klein, aber gemütlich, sogar mit Gästewohnung im Untergeschoss? Ich wäre mit weniger zufrieden gewesen, sprang zur Körperpflege in die Nordsee, seifte mich kräftig ein und rubbelte mir hinterher mit einem Handtuch das Salz von der Haut – ungemein belebend und bei einer Wassertemperatur von über 20 Grad in jeder Hinsicht ein Vergnügen. Trinkwasser musste damals genauso umständlich in Kanistern von Juist herbeigeschafft werden wie heute – erst mit dem Boot übers Wattenmeer und dann mit der Schubkarre anderthalb Kilometer durch Sand und Grasland vom Strand zum Haus.

Na schön, kein Wasser. Auf Memmert kann alles ausfallen, Strom, Brennstoff, Wasser, aber was soll's, ich hatte mir die zivilisierten Fisematenten ja längst abgewöhnt, ohne zu wissen, dass es mich mal nach Memmert verschlagen würde. Mein Indianerspiel hatte sich also als

Vorspiel erwiesen, und wäre es auf Memmert je zu einer Hungersnot gekommen, hätte auch die mich nicht in größere Verlegenheit gebracht ...

Stopp! Kurze Unterbrechung. Hungersnot?

Na ja, wie gesagt: keine Strandbar, kein Pizzaservice ... Auch feste Nahrung muss in regelmäßigen Abständen auf Juist eingekauft oder vom Festland herübergeschafft werden, und bei anhaltend rauer See könnte ich hier festsitzen, womöglich so lange, bis das letzte Hühnerei verspeist und der letzte Tabak verraucht ist. Normalerweise eine unangenehme Situation, nur – ich war ja auch mit dem Hunger vertraut. Irgendwann, noch auf dem Festland, hatte ich nämlich wissen wollen: Was erlebt jemand, der ohne Nahrung auskommen muss? Wie fühlt es sich an, wenigstens einmal im Leben nicht satt zu sein und für eine Weile mit dem Hunger zu leben? Kurzerhand stellte ich die Nahrungsaufnahme ein und fastete eine Woche lang.

Auch dies war eine interessante Erfahrung. Der Mensch ist ja in der Lage, von äußerer auf innere Ernährung umzuschalten, und obwohl ich auch damals kaum Fett angesetzt hatte, daher kaum über Reserven verfügte, fühlte ich mich nach zwei, drei Tagen stärker denn je – einfach, weil mir jetzt jene Energie zur Verfügung stand, die ich sonst beim Verdauen verbraucht hätte. Bekanntlich kostet uns die Magen- und Darmtätigkeit dreißig Prozent unserer Kräfte. Mit anderen Worten: Anstatt mich schlapp zu fühlen, war ich agiler als sonst. Und heiterer! Ich hatte mehr Kraft, ich fühlte mich leicht, geradezu beschwingt, weil auch das Leben sich leichter anfühlte, und obendrein träumte ich wie verrückt, selbst tagsüber, wie jemand, der auf einer Sommerwiese selig vor sich hin döst.

Sollten mich die Umstände meines Insellebens zu einer Wiederholung dieses Experiments zwingen – kein Problem. Ich blicke diesem Tag gelassen entgegen, ich kann verzichten. Beinahe jeder Verzicht verliert seinen Schrecken, nachdem man ihn sich einmal probeweise auferlegt hat. Man weiß dann: Es geht. Was man üben muss, ist, durchzuhalten. Danach fällt der Verzicht leicht, wird womöglich zur Gewohnheit und entpuppt sich als Freiheit.

1
ALLE ZEIT DER WELT
AUF EINER HANDVOLL ERDE

Die Vögel führen in diesem Buch bisher ein Schattendasein, finden Sie? Sie haben recht. Es stimmt, sie sind die eigentlichen Hauptdarsteller, sie spielen die erste Geige. Ich hätte auch nie nach Memmert gewollt, wenn es hier keine Vögel gäbe, denn an der Gesellschaft intelligenter Wesen ist mir sehr wohl gelegen. Vielleicht wüsste der eine oder andere auch gern, was ich hier eigentlich treibe, worin meine Arbeit besteht und ob ich überhaupt arbeite ... von wegen beneidenswerte Existenz.

Also – natürlich arbeite ich. Nur Geduld. Ich möchte aber eins klarstellen: Wenn hier von einer beneidenswerten Existenz die Rede sein kann, dann nicht, weil Memmert zum Faulenzen einlädt. Ich begnüge mich nicht damit, alle paar Wochen ungebetene Gäste zu verjagen, ich habe zu tun. Mein Glück – und ich empfinde es tatsächlich als Glück, hier zu sein – setzt sich aber aus vielen Bestandteilen zusammen. Die Vogelwelt ist ein bedeutender davon, sie hat mich zu meiner Entscheidung für Memmert bewogen, aber wenn man dann hier ist, hier lebt, hier Jahr um Jahr verbringt, stellt man fest: Unberührte Natur ist in all ihren Erscheinungsformen ein Resonanzraum, der ein

Gefühl von Einsamkeit zu keiner Zeit aufkommen lässt. Auch mit Strandflieder, Sanddornbüschen, Nordseewellen und Sanddünen ist man nie allein: All dies reagiert auf den Menschen und antwortet ihm, und sei es auf Fragen, die er sich nie bewusst gestellt hat. Und mit der Zeit macht man die seltsamsten Erfahrungen.

Apropos Zeit ... Eins der seltsamen Phänomene ist, dass die Zeit auf Memmert schneller vergeht als auf dem Festland. Trotzdem habe ich hier Zeit in verschwenderischer Fülle. Man könnte also fast sagen, Memmert mache sich lustig über das Zeitgefühl, das einer vom Festland mitbringt, sozusagen einschleppt. Tatsache ist: Die Tage fühlen sich hier kürzer an, die Stunden vergehen wie im Flug, und ehe du dich versiehst, sinkt die Sonne ins Meer. Tatsache ist aber auch: Ich habe als Inselvogt alle Zeit der Welt – so reichlich, dass ich jederzeit in meiner Tätigkeit innehalten, mich hinter eine Düne setzen und beobachten, zuschauen und staunen kann, so lange mir danach ist. Nichts drängt mich, nichts veranlasst mich zur Eile, Tage und Nächte stehen mir zur freien Verfügung und warten nur darauf, nach Lust und Laune ausgefüllt zu werden. Und da ich auf Memmert obendrein die Zeit habe, solche Phänomene ausgiebig zu ergründen, bin ich in der glücklichen Lage, hier eine Erklärung dafür zu liefern.

Denn natürlich hat mich diese Erfahrung anfangs irritiert. Mittlerweile bin ich sicher, dass die Zeit für den schneller vergeht, der im Zustand des Behagens lebt. Ein glückliches Lebensgefühl beschleunigt die Zeit für unser Empfinden, wie ein Wasserfall den Fluss beschleunigt, der sich – wahrscheinlich ebenfalls zu seinem größten Vergnügen – in die Tiefe stürzt. Sorgen hingegen dehnen die Zeit. Auch sinnlose Beschäftigungen ziehen die Zeit auseinander. Hier auf Memmert aber schleppt sich die Zeit nie dahin, denn alles Schöne fliegt und reißt einen mit. Vielleicht ist ebendies der Unterschied zwischen leerer und erfüllter Zeit – leer ist sie zäh und träge, erfüllt ist sie leicht, fließend und flüchtig.

Mit anderen Worten: Uhren kann man auf Memmert vergessen. Ich habe sowieso keine, habe auch früher keine getragen. Uhrzeit gibt es auf dieser Insel schlichtweg nicht. Auf Memmert wird der Tag nach Gefühl und den äußeren Bedingungen eingeteilt; das Tageslicht, meine Bedürfnisse, auch die Wetterlage und die Gezeiten bestimmen den Tagesrhythmus. Wenn die Arbeit läuft, dann läuft sie, dann lasse ich sie auch laufen, dann muss ich keine Pause machen, und keine Uhr funkt mir dazwischen. Genauso aber kann ich die Arbeit jederzeit unterbrechen, um einem Wanderfalken mit den Augen zu folgen, der gerade im Sturzflug einen Singvogel attackiert, oder um mich genüsslich in den Anblick des violett blühenden Strandflieders zu vertiefen – es brennt ja nichts an, es läuft einem nichts weg.

Mein Resümee lautet mithin: Zeit in unserem Sinne gibt es auf Memmert nicht, weil der Vorrat an Zeit hier unerschöpflich ist. Dies wiederum könnte daran liegen, dass ein Tag hier tatsächlich ein Tag ist – also kein in Stunden und Minuten zerrupftes Etwas, mit Pflichtterminen gespickt, sondern ein Kontinuum, ein durchgehendes, fließendes, vollendetes Ganzes. Raum ist hier alles, Zeit bedeutet nichts, und wer klug ist, überlässt sich bei allem, was er tut, den Einflüsterungen der Insel.

Tut man das, dann hört man bald auf, irgendetwas erzwingen zu wollen. Alles, was hier lebt, kreucht, fleucht und blüht, macht, was es will, und der Inselvogt bildet keine Ausnahme. Natürlich könnte ich die Ungezwungenheit beispielsweise so weit treiben, hier in paradiesischer Nacktheit herumzuspringen. Leider gibt es auf jedem Schiff, das vorüberfährt, Ferngläser, dazu kommen die Hubschrauber und die Sportflugzeuge ...

Aber ein splitternackter Inselvogt würde nicht nur zu maliziösen Kommentaren Anlass geben, er würde auch gestochen. Memmert ist nämlich ein Paradies mit kleinen Fehlern, und ich bin sowieso das bevorzugte Opfer von Pferdebremsen und Stechmücken, die sich – wie könnte es anders sein – auf einer schadstofffreien Insel außerordentlich wohlfühlen. Von daher ist jederzeit leichte, möglichst körperbedeckende Kleidung angesagt.

Aus demselben Grund verbietet es sich, Sommernächte unter freiem Himmel zu verbringen. Dabei würde ich mir davon einen besonderen Genuss versprechen, nicht allein wegen des Sternenhimmels, auch wegen der nächtlichen Geräuschkulisse. Denn einerseits ist meine kleine Inselwelt zwar geräuschlos, solange es nicht gerade stürmt, andererseits aber ist der ganze Luftraum auch im Dunkeln von nahen und fernen Vogelstimmen erfüllt, den kräftigen, derben Schreien der Seevögel wie den zarteren, melodischen Lauten der Singvögel. Und dieses einzigartige Konzert würde ich, in einen Schlafsack gehüllt, gern auf mich wirken lassen – im Haus bekomme ich davon kaum etwas mit.

Wieso also kein Tipi?

Ich gebe zu, ein aufregender Gedanke. An diesem besonderen Ort noch einmal erleben, wie im Zelt die Außengeräusche von allen Seiten an mein Ohr dringen, wie sich im Finsteren um mich herum ein universeller Hörraum auftut ... Wie gern hätte ich auf Memmert einen solchen Lauschposten bezogen, wäre mit Vogelstimmen eingeschlafen und aufgewacht, hätte mich auch tagsüber immer wieder mal dorthin zurückgezogen, mich unsichtbar gemacht und mitbekommen, was draußen los ist, des Morgens, in der Dämmerung, des Nachts ... Von meinem Versteck aus hätte ich viele Stimmen leicht identifizierbar aus nächster Nähe gehört, dazu sogar das Scharren, Trinken und Putzen meiner Mitbewohner, aber – keine Chance! Verboten, weil Nationalpark. Alles, was an meinen Traum von einem Tipi auf Memmert erinnert, ist ein angegrautes kreisrundes Fundament unweit des Hauses.

Zu dieser kleinen Extravaganz ist es also nie gekommen. Das hat nicht an der Zeit gelegen. Die hätte es, wie gesagt, in Hülle und Fülle gegeben, zumal es auf Memmert nicht nur eine einzige Zeit, sondern gleich drei Zeiten gibt, und zwar Tageszeit, Jahreszeit und Lebenszeit. Das Schöne an diesen Zeiten ist, dass sie nicht einfach unbemerkt durchrauschen und spurlos verfliegen, sondern vom Erscheinungsbild der Insel ablesbar, ja sogar riechbar, spürbar und hörbar sind. Um einen modernen Vergleich heranzuziehen: Zur Uhrzeit verhalten sich diese Zeiten wie analog zu digital.

Was die Lebenszeit angeht ... Ich widme dieser Insel einen beträchtlichen Teil meiner Lebenszeit, und sie revanchiert sich dafür mit der völligen Abwesenheit einer Infrastruktur. Es gibt keine angelegten Wege, keine Brücken, keine geebneten Pfade, was mich dazu zwingt, in unwegsamem Gelände alles zu Fuß zu machen und ständig in Bewegung zu bleiben – wenn sich das nicht vorteilhaft auf die Lebenszeit auswirkt ...

Im Übrigen: Wo geboren wird, da wird auch gestorben. Seevögel sind zwar erstaunlich langlebig, sie bringen es leicht auf zwanzig Jahre und mehr, dennoch werden gelegentlich tote Vögel angespült, dennoch findet man immer wieder die zerrupften Überbleibsel eines Austernfischers im Gras, und gelegentlich liegt eine unversehrte, aber tote Möwe am Strand, wie mitten im Flug vom Himmel gefallen. Dass Lebenszeit etwas Endliches ist, lässt sich auf Memmert jedenfalls nicht so einfach vergessen.

Was nun die Tageszeit angeht ... Sosehr ich das Morgenlicht liebe, an dieser Stelle will ich mich auf den späten Abend beschränken, wenn sich die Sonne auf ihren Untergang vorbereitet. Diese Sonnenuntergänge sind oft grandios und ganz eigentümlich, weil sich das Licht nicht einfach (wie in der Karibik) im offenen Meer spiegelt. Im Watt wechseln bei Niedrigwasser ja Priele, Fahrrinnen, Pfützen und weite, feuchte Flächen mit trockengefallenen Sandbänken ab, und die ganze Farbenpracht löst sich dann in rotglänzende Schlieren, orangeschimmernde Streifen und Tausende von goldgelben Splittern auf, durchbrochen vom Blaugrau der Sandbänke – ganz außergewöhnlich, sage ich Ihnen, und ziemlich dramatisch.

Dies ist übrigens die einzige Tageszeit, in der mir die Gesellschaft meiner beiden Schwalben manchmal nicht reicht (sie nisten gleich unterm Reetdach und kommen daher bis zum Einbruch der Nacht immer wieder angeschossen). Wenn ich von meiner Terrasse aus dem Schauspiel des Sonnenuntergangs zusehe, kann es tatsächlich passieren, dass ich einen Mitmenschen vermisse, jemanden, mit dem ich bis zu den Dünen vorlaufen kann, an dessen Seite ich in Andacht versinken, den ich nach einer Weile anstoßen und dem ich zunicken möchte: »Ist es nicht schön?« Klar, so könnte man auch zu sich selbst sprechen, aber dann würden die Worte ins Leere gehen, und gerade in solchen Augenblicken hofft man auf ein Echo. Ergreifend ist es trotzdem, immer wieder.

Und was die Jahreszeiten angeht ... Im Lauf eines Jahres wechseln die Lichtverhältnisse und damit die Farben.

Seltsamerweise ist die dunkle Jahreszeit auf dem Festland dunkler als hier. Wer im Winter auf Memmert ist, erlebt eine helle Insel, denn zum einen ist Memmert dann pastellfarben, eine Komposition aus weißem Sand und beigen Gräsern, und zum anderen liegt über allem ein matter Glanz, der vielleicht von dem besonderen Licht hier draußen herrührt, von der Weite und der spiegelnden Wasserfläche. Dem Gemüt bekommt die Insel deshalb im Winter besser als das düstere, triste Festland.

Im Frühjahr geht es dann mit den kräftigen Farben los – plötzlich sind die Wiesen gelb gefleckt von Nachtkerzen und Gänsefingerkraut, die Distel blüht dazwischen blau, und wenn die weißen Blüten des Holunders dazukommen, duftet an windstillen Tagen die ganze Insel danach. Ein zusätzliches Farbenspiel bieten die Sanddornbüsche, die in manchen Jahren voll gelbroter Beeren hängen, und im Sommer kommt der Strandflieder dazu, der die Salzwiesen auf weiten Strecken in ein Meer aus violettroten Blüten verwandelt.

Später kommt die Zeit, in der der Queller seine Farbe wechselt. Er ist die Pionierpflanze des Wattenmeeres, ein winziges, kaktusähnliches Gewächs, das stets am Übergang von Meer zu Land auftritt, und im Spätsommer erlebt man, wie sich der grüne Queller rötet – je nach Sonneneinfall leuchten die östlichen Ränder der Insel dann sogar orangefarben auf.

Natürlich beteiligt sich auch das Meer durch Ebbe und Flut an der Aufteilung meiner Zeit. Einmal im Jahr aber setzt die See ein besonderes, geradezu magisches Zeitzeichen, nämlich immer zum August hin, wenn sich das

Wasser aufgewärmt hat: das Meeresleuchten – ein Phänomen, das durch Plankton und andere Mikroorganismen hervorgerufen wird. Jeder Schritt, den man dann nach Einbruch der Dunkelheit im Wasser tut, bringt das aufgewühlte Wasser um die eigenen Füße zum Leuchten, und der gleiche Kranz aus phosphoreszierendem Licht lässt sich auch beim Laufen über feuchten Sand beobachten.

Und dann kommt es vor – zumeist im Juni, manchmal auch schon im Mai –, dass von Norden her, übers Meer, eine graue Nebelwalze heranrollt und einen schlagartig einhüllt. Einmal ging ich, von Süden kommend, über den Strand in Richtung Haus. Es war sonniges Wetter, wenn auch frisch, der Wind hatte auf Nord gedreht, und da sah ich sie: eine Nebelwand, die in diesem Moment über Juist hinwegschwappte, die Insel verschluckte und nun auf Memmert zuwaberte – plötzlich war Kachelot nicht mehr zu sehen, und während die Sonne weiterhin schien, wälzte sich der graue Nebel über mich hinweg. Schlagartig fiel die Temperatur, ich fröstelte, und statt der üblichen zwanzig Kilometer weiten Sicht war nun nichts mehr zu erkennen, was über vierzig Meter hinausging. Ein Schiffer, der ohne moderne Navigation im Wattenmeer unterwegs gewesen wäre, hätte jetzt sofort vor Anker gehen müssen, klugerweise außerhalb des Fahrwassers, um eine Stunde zu pausieren – so lange etwa dauert es gewöhnlich, bis der Spuk vorbei ist und die Welt einem zurückgegeben wird.

So sieht also meine Zeit aus. Es ist keine abstrakte Zeit. Es ist eine Zeit, die nach Farben und Vorkommnissen gemessen wird. Ob sie nun schnell oder langsam vergeht – ich könnte es nicht sagen. Die plausibelste Antwort erscheint mir immer noch: beides. Sowohl als auch.

# 8
AUGE IN AUGE
MIT MEINEM ERSTEN ADLER

Von meinem Vorgänger wusste ich, dass er einmal einen Seeadler auf Memmert gesichtet hatte; seither hielt ich die Augen offen. Nur hatte ich Zweifel, ob ich einen Adler erkennen würde. Es war in meiner Anfangszeit, die Silhouetten fliegender Vögel am Himmel waren mir noch nicht so vertraut wie heute, Größenrelationen lassen sich auf weite Entfernung sowieso schwer beurteilen, und am Ende würde ich einen Adler womöglich für einen Bussard oder eine Weihe halten, Greifvogelarten, die auf Memmert zum gewohnten Bild gehören. Die Angst, einen Seeadler zu verpassen, verfolgte mich geradezu.

Eines Tages war ich im Schuppen am Werkeln – irgendwas stimmte mit dem Generator mal wieder nicht – und brauchte ein Werkzeug aus dem Haus. Gedankenversunken und gesenkten Hauptes trottete ich vom Schuppen hinüber, als es rechts neben mir im Gebüsch raschelte. Nun ja, Tauben rascheln, wenn sie aus den Büschen auffliegen und ihre Flügel die Blätter streifen. Aber dieses Rascheln eben war kein gewöhnliches gewesen, es klang, als hätte sich eine heftige Bö ins Gebüsch gebohrt – welcher Vogel machte ein solches Getöse?

Ich schaue auf – und halte die Luft an. Da gibt es kein Vertun: Vor mir, fast zum Greifen nah, keine zwei Meter entfernt, sitzt ein Seeadler, genauso überrascht wie ich. Ich erstarre, er erstarrt. Offenbar ist er im Begriff gewesen abzuheben, jetzt legt er seine Flügel an und fixiert mich. Ich blicke zurück. Keiner von uns bewegt sich, ich bin in seinem, er ist in meinem Bann. Ich mustere ihn: seine Augen, die mich unverwandt ansehen. Seinen gelben Hakenschnabel. Seinen braun melierten Körper. Seine Klauen, so groß wie meine Hände, gelb mit anthrazitfarbenen Krallen. Eine ehrfurchtgebietende Erscheinung. Der Wahnsinn, denke ich. Du befindest dich gerade Auge in Auge mit dem ersten Adler deines Lebens.

Wenn ich mich jetzt bewege, ist er im selben Augenblick auf und davon, das ist mir klar. Ewig reglos stehen bleiben kann ich indes auch nicht. Wie lange er dieses Spiel wohl aushält? Er rührt sich immer noch nicht. Dann mache ich einen Schritt auf ihn zu, er breitet seine Schwingen aus und hebt ab. Im Nachhinein musste ich über mich lachen – einen Seeadler zu übersehen ist schlechterdings unmöglich. Der ist noch mal ein anderes Kaliber als ein Bussard; diese Sorge habe ich seither also nicht mehr.

Jedenfalls eine unvergessliche Begegnung, die ich sofort mit fetten Buchstaben in meinem Tagebuch festhielt. Abends, Stunden später, wollte ich mir den Sonnenuntergang ansehen, ging hinüber zur Randdüne, streifte zufällig die Nachbardüne mit einem Blick – und da saß er wieder, der Adler, und blickte ebenfalls in die untergehende Sonne. Es war nicht zu fassen! Möglicherweise aber behagte es ihm nicht, dass ich etwas höher stand als er, denn er hob ab, beschrieb im Fliegen einen vollendeten Bogen und schwebte dann im letzten Tageslicht direkt unter mir über den Strand, als wollte er mich, als Abschiedsgeschenk, mit seiner Spannweite beeindrucken, die 2,50 Meter betragen mochte.

Es war unsere letzte Begegnung. Aber seit jenem Tag weiß ich, dass es geradezu andächtig macht, einem Adler zu begegnen. Würde ich ihn je wiedersehen? Aller Voraussicht nach nicht. Meines Wissens nisten bis heute nur zwei Adlerpärchen in Ostfriesland. Trotzdem beschlich mich auf dem Rückweg zum Haus ein gewagter Gedanke: Wäre es ausgeschlossen, dass ein Seeadlerpärchen auf Memmert ... Solche Hoffnungen schlug ich mir besser gleich aus dem Kopf. Ein Adler sitzt nun mal gern hoch, und für sein Nest braucht er einen sehr stabilen Standort. Adlerhorste werden immer wieder ausgebessert und aufgestockt, sie können tonnenschwer werden, und auf Memmert habe ich ihm keine geeignete Stelle für sein Riesennest zu bieten. Hier müsste er zum Bodenbrüter werden, aber welcher Adler würde das auch nur einen Augenblick lang in Erwägung ziehen? Andererseits – Nahrung gäbe es für ihn, Enten und Kaninchen hätten wir in Hülle und Fülle ... Vielleicht überlegt er es sich doch noch mal. Die Vorstellung, Memmert mit einem Adlerpärchen zu teilen, wäre für mich jedenfalls die Erfüllung aller Träume.

Gut, jede Vogelart muss selbst sehen, wie sie mit den Bedingungen auf Memmert zurechtkommt. Schon andere haben hier alles über den Haufen geworfen, was sie über Nestbau wussten. Die Löffler zum Beispiel. Auch sie sind eigentlich Baumbrüter, hier aber nisten sie am Boden. Was mag sie zu dieser Umstellung bewegt haben? Nun, ich vermute, dass sie Memmert zunächst einer gründlichen Inspektion unterzogen hatten, bevor sie in den Achtzigerjahren von Holland und den Westfriesischen Inseln kommend hier einwanderten. Dabei werden sie schnell gemerkt haben, dass auf meiner Insel keine Bodenprädatoren vorkommen, also keine vierfüßigen Beutegreifer und keine Schlangen. Denn schließlich, warum brüten Vögel in Bäumen? Um vor Eierdieben und Kükenfressern sicher zu sein. Dieser Sorge waren die Löffler auf Memmert schlagartig ledig, und prompt sahen sie keinen Grund mehr, an ihren ehrwürdigen Traditionen festzuhalten.

Ausschlaggebend war für sie – wie für alle übrigen Vogelarten auf Memmert – etwas ganz anderes, nämlich die Nahrungsverfügbarkeit, und in diesem Punkt ist meine Insel unschlagbar. Ich denke dabei nicht an Kaninchen und Enten, für die höchstens der Adler Verwendung hätte, ich denke an wesentlich kleineres Getier, das größtenteils unsichtbar, dafür aber in riesigen Mengen im Wattboden lebt. Und damit klärt sich die Frage, wie Memmert zur Vogelinsel werden konnte: Mit jedem Niedrigwasser tut sich hier für meine Mitbewohner ein Schlaraffenland auf.

Zugegeben, für die meisten von uns stellt das Wattenmeer keine sonderliche Attraktion dar. Man erinnert sich vielleicht dunkel an Geschichten von Menschen, die im Watt von der Flut überrascht wurden und ertranken, und findet es etwas unheimlich. Wir können dieser flachen, graubraunen Welt aus Matsch aber auch ästhetisch wenig abgewinnen und halten dieses undefinierbare Zwischenreich für unansehnlich und ziemlich langweilig. Vögel aber sehen das Watt mit anderen Augen. Weil sie sehen, was wir nicht sehen.

Denn nirgendwo auf der Welt tut sich im Boden mehr als im Watt. Da wimmelt es von Klein- und Kleinstlebewesen, eins schmackhafter als das andere. Bäumchenröhrenwürmer, Wattwürmer, diverse Muscheln und Schnecken sowie Schlickkrebse bilden riesige Populationen; unter einem Quadratmeter Wattboden können sich bis in vierzig Zentimeter Tiefe an die 100 000 Tierchen tummeln, und im Osten von Memmert, in einem Mischwattgebiet namens Nordland, finden Vögel das größte Nahrungsangebot im gesamten Küstenbereich überhaupt vor. Keine Störung durch Menschen, keine Gefahr durch Bodenjäger wie Katzen, Marder oder Füchse – klar, auch das spricht für Memmert, aber der größte Trumpf dieser Insel ist die unvorstellbare Lebensfülle des Wattenmeeres und der Umstand, dass einem hier die Würmer praktisch in den Schnabel wachsen.

Wie auch sonst im Leben muss man beim Wattenmeer eben genauer hinschauen. So lassen sich zum Beispiel drei verschiedene Arten von Watt unterscheiden – erstens das Sandwatt mit sehr festem Boden, der mühelos begehbar ist; zweitens das Schlickwatt, in dem man knietief, übelstenfalls sogar bis zur Hüfte einsinken kann, und drittens ein Mittelding namens Mischwatt, in dem man wie über schlammigen Boden läuft, aber höchstens bis zu den Knöcheln einsinkt. Und dort, im Mischwatt, konzentriert sich diese Unterwelt aus zum Verzehr geeigneten Lebewesen, weshalb es von meinen Mitbewohnern bei Ebbe in hellen Scharen aufgesucht wird.

Es ist ein heikles Dasein, das diese kleinformatigen Wattbewohner führen, denn je nach Wasserstand leben sie entweder wie Meeresbewohner relativ geschützt im Wasser oder aber gierigen Augen und Schnäbeln ausgesetzt auf dem Trocknen. Die meisten Wattlebewesen verschwinden deshalb bei Niedrigwasser im Boden, sie graben sich mehr oder weniger tief ein; es gibt aber auch dauerhaft in Sand oder Schlick lebende Tiere wie den Wattwurm, der seine U-förmige Röhre im Boden nie verlässt. Von ihm stammen die Tausende und Abertausende geringelter Sandkothäufchen, die den Wattboden zieren, so weit das Auge bei Niedrigwasser reicht. Übrigens ein sonderbarer Geselle, dieser Wattwurm. Durch rhythmische Bewegungen erzeugt er einen Unterdruck in seiner Röhre, saugt auf diese Weise durch einen Trichter im Wattboden Nährstoffe ein und scheidet die Reste zusammen mit dem Sand hinten als Kringel wieder aus. Das macht er ein Leben lang, bis eines Tages der Austernfischer zusticht. Wattwürmer können bis zu dreißig Zentimeter lang werden, das ist dann schon eine komplette Mahlzeit.

Mit auflaufendem Wasser kommen viele Wattbewohner erneut aus ihrer Deckung heraus und nehmen für einige Stunden ihr zweites Leben als Meeresbewohner wieder auf, während sich ihre Fressfeinde, meine Mitbewohner, vorübergehend auf die Insel zurückziehen. Für die nächsten Stunden hat die Nahrungsaufnahme dann Pause.

Aus Sicht der Vögel ist das Watt jedenfalls eine unerschöpfliche Nahrungsquelle. Aus Sicht des Menschen kommt hinzu, dass das Wattenmeer vor der niederländischen und der deutschen Küste weltweit einmalig ist und die Ernennung zum Weltnaturerbe vollauf verdient hat. Mit einer Ausdehnung von 15 000 Quadratkilometern ist es das größte der Welt, und bei Niedrigwasser werden in manchen Bereichen riesige Flächen freigelegt, der Wattbodenstreifen entlang der Küste beläuft sich dann auf fünf bis maximal zwanzig Kilometer Breite. Diese Ausnahmelandschaft nun verdankt sich der Tatsache, dass die Nordsee ein extrem flaches Meer ist. Watt bildet sich nämlich überall da, wo der Gezeitenwechsel riesige Mengen des organischen Materials ablagern kann, das durch Absterben von Pflanzen und Tieren im Meer anfällt. Und wo kommen diese Schwebeteilchen zur Ruhe? Natürlich in Küstenbereichen, die nicht unablässig von einer heftigen Brandung aufgepeitscht werden, wo das Meerwasser vielmehr auf seichten Flächen sanft ausläuft, wie sie die niederländische Küste und die Deutsche Bucht zu bieten haben.

Und so kommt eins zum anderen: Der einzigartige Nährstoffreichtum erlaubt unzähligen Wattlebewesen ein gutes Leben, und deren Vorhandensein wiederum beschert Hunderttausenden von Vögeln eine sorgenfreie Existenz. Für den Adler kein Argument, gewiss, aber so erklärt sich, dass die Nordseeküste das vogelreichste Gebiet Europas ist. Womit wir endlich zu meinen Mitbewohnern kommen – und zum Daseinszweck des Inselvogts.

9
DER KUCKUCK, DIE NACHTIGALL UND DER GANZE, GROSSE REST

Es war morgens gegen halb zwei. Nach Schlafen war mir in dieser Frühsommernacht nicht zumute, und so saß ich am Küchentisch vor dem geöffneten Fenster und schrieb an einem Bericht. Draußen zeichneten sich die Konturen der Insel im Licht eines prächtigen Vollmonds deutlich ab, und auch der Himmel wirkte wie angestrahlt, weil der Dunst über der Insel das Mondlicht reflektierte. Normalerweise ist dort draußen um diese Uhrzeit nicht mehr viel los, allenfalls die unermüdlichen Austernfischer lassen sich noch vernehmen, jetzt aber erhob plötzlich ein Kuckuck seine Stimme. Offenbar war er der Meinung, der Tag sei angebrochen.

Ich horchte auf. Andere Vögel ließen sich durch den Vollmond nicht täuschen, und es amüsierte mich, dass ausgerechnet ein so gewiefter Kerl wie der Kuckuck auf das Mondlicht hereingefallen war. Doch dann gesellte sich zu meiner Überraschung eine zweite Stimme hinzu – unverkennbar die einer Nachtigall! Da hielt es mich nicht mehr im Zimmer. Ich ging raus, setzte mich auf den Balkon und lauschte.

Die Nacht war windstill und so hell, dass das Haus

einen Schatten warf. Und während der Kuckuck blieb, wo er war, kam die Nachtigall näher und immer näher, bis sie unter mir im Gebüsch saß. Es war fantastisch. Im Hintergrund rief der Kuckuck, gleich unter mir sang die Nachtigall, es war eine kleine Nachtmusik der besonderen Art, nie zuvor so gehört, eine Uraufführung speziell für mich, und ich war der glücklichste Mensch der Welt. Eine halbe Stunde habe ich mir für diese beiden Zeit genommen, und so lange hielten sie ihr Duett auch durch.

Wie gesagt, ohne die Vögel hätte mich Memmert nicht gereizt. Mir hätte das Leben gefehlt. Strand, Watt, Wind, Meer und Vegetation, alles schön und gut, aber die Vögel bringen das Leben. Ende Februar macht Memmert noch den Eindruck einer verwaisten Insel. Im Winter herrscht Stillstand, und alles wirkt eher abweisend. Später werden die Tage allmählich länger, die ersten Vögel kommen zurück, Gänse und Enten beginnen bereits mit dem Brutgeschäft. Und jetzt erwacht die Insel aus ihrem Winterschlaf, sie blüht auf, sie *lebt* vor allem auf.

Die Rückkehr ihrer Bewohner verzaubert Memmert. Aus einer verlassenen Insel wird ein Lebensraum von faszinierender Betriebsamkeit, und mit jedem Tag wächst sie mir mehr ans Herz. Ich habe nicht das Zeug zum Eremiten, auch ich würde es ganz ohne Gesellschaft nicht lange aushalten – es müssen aber nicht unbedingt Menschen sein, die mir Gesellschaft leisten. Ich finde sogar: Eher kann man sich mit Menschen als mit Vögeln langweilen, und wahrscheinlich gibt es auch in der gesamten Tierwelt keine andere Art, die dem Beobachter ein so abwechslungsreiches Schauspiel bietet wie meine Mitbewohner. Die Ankunft nach langer Reise, die Balz, der Nestbau, die Brutzeit, das Schlüpfen der Küken, die

Monate des Lernens, bis ein Jungvogel fliegerisch allen Stürmen seines Lebens gewachsen ist, dann das Verhalten der einzelnen Arten untereinander in einer derart riesigen Gemeinschaft, in der sich jede durch bestimmte Charaktermerkmale auszeichnet, und schließlich die frappierenden Flugkünste der ausgewachsenen Vögel, deren Zeuge ich tagtäglich werde – wo sonst in der Natur gäbe es eine solche Vielfalt an Lebensprozessen und Lebensäußerungen, bei denen man als Zuschauer umstandslos zugelassen ist? Auch wenn jetzt nicht nur die Möwen sofort zu Protokoll geben würden, dass sie ihre Zustimmung keineswegs erteilt haben und auch nie erteilen würden.

Kurz gesagt: Um mich herum ist tausendfaches Leben. Tausendfach wird hier geboren, auch gestorben, in jedem Fall gelebt, und das nicht nur vorübergehend oder zufällig, denn Memmert ist für viele Vögel Heimat, lebenslange Heimat. Ich bin hier nicht geboren, aber viele, sehr viele von ihnen sind es.

Was ich außerdem an ihnen liebe: Vögel symbolisieren für mich Freiheit. Für sie gibt es keine Grenzen. Sie sind die wahrhaften Weltbürger im Reich der Tiere, ihr Lebensraum ist grenzenlos, aus meiner Sicht sind sie die freiesten Wesen der Welt. Sie praktizieren, was wir Menschen nur im Geist, in Gedanken, in der Fantasie vermögen: den Boden der Tatsachen verlassen, sich über die Realität erheben und sich quasi anstrengungslos in eine andere Welt aufschwingen. Vögel erleben diese Freiheit als körperliche Erfahrung, nichts kann sie in ihrer Bewegung hemmen, nichts einengen, nichts aufhalten.

Andernfalls wären sie auch gar nicht hier, denn meine Mitbewohner sind ja fast alle Exoten. Übrigens auch die Nachtigall, aber nur deshalb, weil sie sich sonst auf

Memmert kaum blicken lässt. Die meisten anderen aber sind echte Exoten – wer den Winter in Frankreich oder Spanien verbrachte, hat noch den kürzesten Rückweg gehabt. Die echten Langstreckenzieher kommen aus Afrika, aus dem südlichen Afrika sogar, die Pfuhlschnepfe zum Beispiel, die auf Memmert noch nicht einmal am Ziel ihrer Reise angelangt ist, weil sie eigentlich die arktischen Regionen ansteuert – dort angekommen, wird sie 12 000 Kilometer zurückgelegt haben. Oder nehmen wir jene Zugvögel, die hier brüten, den Löffler etwa, der wahrscheinlich aus Südspanien, vielleicht aber auch aus Mauretanien kommt, oder die Rauchschwalbe, die südlich der Sahara überwintert. Selbst die Möwen verteilen sich im Winter auf weiter südlich gelegene Festlandsgebiete, und nur der Bussard hält in der kalten Jahreszeit auf Memmert noch die Stellung.

Man sieht: Memmert ist ein Knotenpunkt des internationalen Vogelflugverkehrs. Doch längst nicht alle bleiben, um zu brüten. Unter den 25 000 bis 30 000 Vögeln, die Memmert an einem beliebigen Tag bevölkern, werden sich rund 10 000 Brutpaare befinden, der Rest sind Rastvögel – deren Anzahl zu den Spitzenzeiten in Frühling und Herbst noch gewaltig anschwellen kann: Einmal bin ich auf 150 000 Vögel an einem einzigen Tag gekommen. Das war ein Ausnahmewert; 100 000 Vögel hingegen sind keine Seltenheit, und was die Artenvielfalt angeht …

Jedes Jahr im März stelle ich mir dieselbe spannende Frage: Wer wird diesmal kommen? Denn es gibt immer Arten, die Memmert nur sporadisch beehren, die hier mal zur Probe brüten und sich beim nächsten Mal dann doch für weniger turbulente Brutgebiete entscheiden. Natürlich, auf die Stammkundschaft ist Verlass: Möwen,

Austernfischer, Kormorane, Seeschwalben und Löffler beispielsweise kommen regelmäßig. Andere aber lassen sich entweder selten oder immer nur für kurze Zeit hier blicken, und manche brüten hier, sind aber womöglich nur mit einem einzigen Paar vertreten – zu derart ausgefallenen Mitbewohnern zählen das Blaukehlchen, der Trauerschnäpper, der Drosselrohrsänger und auch die Nachtigall.

Wieder andere machen sich nicht viel aus Memmert, wenn's ums Brüten geht, steuern die Insel aber gern in der herbstlichen Rückreisesaison für einen längeren Zwischenstopp an. So kann es geschehen, dass der Sandregenpfeifer den Sommer über nur mit wenigen Brutpaaren vertreten ist, auf dem Rückflug in die Winterquartiere aber plötzlich zu Hunderten am nördlichen Priel auftaucht. Noch größer ist die Differenz zwischen Brutvögeln und Rastvögeln beim Großen Brachvogel – von dessen Nestern finden sich auf der ganzen Insel vielleicht nur drei oder vier, aber als durchziehende Gäste erreichen die Brachvögel fünfstellige Zahlen und kommen dann auf 12 000, womöglich 15 000 Tiere; immer ein beeindruckendes Bild. Alles in allem zähle ich im Jahr um die hundertfünfzig, hundertsechzig Arten, wobei Vögel, die die Insel nur überfliegen, nicht berücksichtigt werden.

Nun sind natürlich auch Vögel darunter, die sich gar nicht sonderlich fürs Watt interessieren. Die Greifvögel – Falken, Weihen, Bussarde – werden sich mit Seeringelwürmern, Wattschnecken und Schlickkrebsen nicht abgeben, die schätzen Memmert eher der Mäuse, Kaninchen und Singvögel wegen. Die Singvögel wiederum reduzieren den Insektenbestand dieser Insel, und Seevögel wie

Möwen, Seeschwalben und Kormorane ernähren sich von Fisch (wobei Möwen schlichtweg alles fressen). Die meisten Arten auf Memmert aber fallen unter die Watvögel, gehören also jener Gruppe an, die sich bei Niedrigwasser stundenlang schreitend im Watt fortbewegt, bedächtig Fuß vor Fuß setzt und dabei fleißig ihren Schnabel gebraucht.

Sie sind die eigentlichen Nutznießer des Watts: die Austernfischer und Alpenstrandläufer, die Großen Brachvögel, die Kiebitzregenpfeifer und Pfuhlschnepfen und Knutts – alles Vögel ohne Schwimmhäute, alles Watvögel eben. Und da ihre Schnäbel variieren – es gibt längere und kürzere, spitzere und abgeflachte –, erreichen sie unterschiedlich tiefe Bodenschichten, wo, wie man vermuten darf, dann auch ihre jeweilige Lieblingsspeise steckt. Der Austernfischer mit seinem spitzen gelbroten und etwa acht Zentimeter langen Schnabel wird sich eher mit dem begnügen, was an Würmern und Muscheln gleich unter der Oberfläche steckt. Das Brachvogelweibchen mit seinem bis zu siebzehn Zentimeter langen Schnabel – schwarz, schlank und leicht gebogen – kann schon in deutlich tiefere Bodenschichten vorstoßen. Und der Löffler mit seinem extrem langen, aber vorn abgeplatteten Schnabel wird es auf diese Art erst gar nicht versuchen; sein Löffelschnabel eignet sich weniger zum Stochern als zum Seihen und Schlürfen, wobei er gelegentlich auch kleine Fische aufschnappen dürfte, denn das Wattenmeer ist unter anderem die Kinderstube der Fische.

Dies also wäre eine erste Übersicht über meine Mitbewohner. Wer sich Zeit für sie nimmt, wird feststellen, dass jede Art auf ihre Weise genial ist, perfekt an die Gegebenheiten dieses Lebensraums angepasst und jederzeit in der Lage, mit den widerspenstigsten Verhältnissen zurechtzukommen. Ja, er wird sogar auf individuelle Charakterzüge und die Fähigkeit zu individuellen Entscheidungen stoßen. Aber bevor ich darauf näher eingehe, sollte ich ein Wort über mich und meine Arbeit verlieren.

10
VORHANG AUF, BÜHNE FREI – EINZUG DER GLADIATOREN

Wie schon erwähnt, bin ich aus Sicht der Vögel allenfalls eine Notlösung – und sie haben recht. Ideal wäre es, die Vögel ganz sich selbst zu überlassen. Sie machen ihr Ding auch ohne mich, und mir selbst geht jede Einmischung in ihre Angelegenheiten genauso gegen den Strich wie ihnen. So sonderbar es klingt: Diese Abneigung hatte ich schon vom Festland mitgebracht, sie war kein Ergebnis meiner Arbeit auf Memmert, und als gleich zu Anfang meiner Dienstzeit hier die jungen Löffler beringt werden sollten, hat sich alles in mir dagegen gesträubt.

Dabei fand ich das Interesse daran, sich einen Überblick über den Löfflerbestand zu verschaffen, durchaus nachvollziehbar. Es ist nur so, dass ich gar nicht anders kann, als mich in wild lebende Tiere hineinzuversetzen und ihre Angst, ihre Erschütterung mitzuempfinden. Nicht, dass mir die Löffler übermäßig leidgetan hätten, aber ich fand es ungehörig, diese herrlichen Vögel derart zu belästigen.

Möglich war diese Prozedur überhaupt nur, weil damals alle Löffler in einer einzigen Kolonie zusammenlebten. Auch der Brutverlauf war synchron, sodass sechzig bis siebzig Jungvögel gleichzeitig beringungsfähig waren. Der Zeitpunkt musste klug gewählt sein, denn die Beine dieser Jungtiere sollten eine bestimmte Länge haben, sonst wären die Ringe womöglich abgefallen, andererseits durften sie natürlich noch nicht flugfähig sein – sobald sie abheben können, kommt man als Mensch aus begreiflichen Gründen nicht mehr hinterher. Ich war dafür zuständig, die Löfflerkolonie im Auge zu behalten, den geeigneten Zeitpunkt zu bestimmen und dann einen Trupp von Helfern zu verständigen, der die ganze Aktion durchführen würde.

Sie kamen, und es ging los. Das Verfahren ist denkbar einfach: Man begibt sich in die Kolonie, und kaum haben die Alten abgehoben, scheucht man die Jungen zusammen, spannt ein Netz am Boden aus, pfercht sie ein und schnappt sich Tier für Tier und zieht die Ringe über, in einem Zelt gleich nebenan, drei Ringe an jedes Bein. Sie werden mit einer Zange zugeklemmt, und hinterher laufen die jungen Löffler wie Papageien herum, denn die Ringe sind verschiedenfarbig und knallbunt. Die Farbkombination gab Aufschluss über den Herkunftsort und etliches mehr, aber was genau, das hätte ich damals schon nicht sagen können – um auf solche Einzelheiten zu achten, war ich zu aufgeregt. Meine einzige Sorge war, dass alles schnell und reibungslos verlief und die Leute baldmöglichst wieder verschwanden. Zugegeben, schonender hätte man kaum vorgehen können – der Ablauf war bestens organisiert, mehr Zeit als unbedingt nötig hat diese Aktion auch nie in Anspruch genommen –, und dennoch konnte ich kaum mit ansehen, wie die frisch beringten Löffler noch eine ganze Weile apathisch in der Gegend herumstanden.

Dann geschah etwas Seltsames. Es dauerte keine drei

Jahre, da lösten die Löffler ihre gemeinsame Brutkolonie auf und verteilten sich auf mehrere kleine Kolonien in zwei verschiedenen Teilgebieten der Insel. Nicht genug damit, schlüpften die Küken nun auch nicht mehr synchron, kaum zehn Jungvögel pro Brutgebiet erreichten gleichzeitig das beringungsfähige Alter, und damit lohnte sich der ganze Aufwand nicht mehr; die Beringung wurde eingestellt. Ob das neue Brutverhalten eine Reaktion der Löffler auf unsere Beringungsaktionen war? Ob sie tatsächlich beschlossen hatten, diese Prozedur künftig zu vereiteln? Mag sein, keineswegs ausgeschlossen. Die Löffler hatten jedenfalls ihre Konsequenzen gezogen und sind bis heute bei ihrer Strategie geblieben.

Seither entfällt dieser Arbeitsbereich. Aber natürlich sind genug andere ornithologische Aufgaben übrig, die allerdings ebenfalls – wenigstens teilweise – mit Störungen einhergehen.

Um meine Tätigkeit auf den einfachsten Nenner zu bringen: Ich zähle. Ich erfasse. Ich betreibe die Erfassung der Brutvögel einerseits und die der Gastvögel andererseits. Ich verschaffe mir mehrmals im Jahr einen möglichst genauen Überblick über die Anzahl und die Artenvielfalt meiner Mitbewohner und übermittle die Ergebnisse an meine Dienststelle, die sie an die Vogelwarte Helgoland bzw. das Niedersächsische Landesamt für Ökologie weiterleitet, wo alle Daten zusammenlaufen, die Erkenntnisse über das Vogelaufkommen in der Deutschen Bucht erlauben. Die Hoffnung ist natürlich, durch den Abgleich mit den Ergebnissen früherer Zählungen Hinweise auf mögliche Umweltgefahren zu erhalten; starke Einbrüche bei bestimmten Vogelarten sind ja ein Alarmzeichen, eins, das auch den Menschen beunruhigen sollte.

Daneben fallen noch andere Arbeiten an, aber die sollen im Augenblick nicht interessieren. Meine Hauptbeschäftigung besteht darin, den gefiederten Teil der Bevölkerung von Memmert zu zählen. Nun können Sie sich leicht vorstellen, dass schon die schiere Menge an Vögeln dieses Unterfangen erschwert; die Probleme verdoppeln sich aber durch die bisweilen arg unübersichtlichen Zustände, wie sie in den Kolonien und den verstreuten Brutgebieten herrschen, und deswegen … Bevor ich Sie auf meine Kontrollgänge durch diese Gebiete mitnehme, sollten Sie in etwa wissen, was dort in der Anfangsphase los ist.

Beginnen wir also im März, jenem Monat, der die ersten Rückkehrer nach Memmert erlebt. Die Gänse sind die ersten. Sie haben es am eiligsten, und wenn der Großteil der anderen Vögel im April eintrifft, haben sie sich bereits auf bestimmte Brutplätze geeinigt – ein Prozess, der freilich nicht ohne den gänsetypischen Radau abgeht. Wie einige andere Vogelarten auch teilen sie die Insel jedes Jahr neu unter sich auf, und da das kräftige Organ von Gänsen kaum zu überhören ist, kann ich versichern: Die besten Plätze sind heftig umstritten. Die meisten Vögel haben genaue Vorstellungen von ihrem Wunschnistplatz und geben sich nur widerwillig mit einem Grundstück zweiter Wahl zufrieden. Bei den Gänsen herrscht in der Anfangszeit jedenfalls ein lautstarkes Gerangel um die besten Plätze, da gibt keiner klein bei, nur weil er der Klügere ist. Im Übrigen sind Gänse grundsätzlich geräuschvolle Tiere. Den ganzen Sommer über steht ihnen der Schnabel kaum still, als gäbe es immer Beobachtungen von größter Wichtigkeit zu bereden.

Dann trifft der große Rest ein, und jetzt geht das Gerangel erst richtig los. Die Koloniebrüter besetzen zwar in aller Regel ihre alten, angestammten Brutgebiete – nur der Löffler zeigt sich in diesem Punkt variabel –, doch auch wenn Großmöwen und Kormorane immer dieselben Flächen beschlagnahmen, herrscht anfangs große Aufregung, es gibt ja trotzdem vieles zu regeln: einmal, weil sich jeder einen Platz innerhalb der Kolonie sichern muss (die sich bei den Großmöwen auf weit über 3000 Brutpaare belaufen kann), und zum anderen, weil die Einzelgänger einen separaten Brutplatz ausfindig machen und besetzen müssen, weit genug von den ungeliebten Artgenossen entfernt. Solche Individualisten gibt es übrigens bei allen Arten; nur die Kormorane bleiben strikt unter sich, da schert kein Eigenbrötler aus. Sie bilden schon ein elitäres Klübchen, diese Kormorane.

Am Ende, wenn alle Nistplätze verteilt und alle Nester gebaut sind, wird sich immer ein mehr oder weniger diffuses Bild ergeben. Die Möwen sind unbestreitbar das dominierende Element auf Memmert, sowohl was die Zahl als auch was die Geräuschkulisse und das Gehabe angeht. Ihre Hauptkolonien am Westrand und in der oberen Salzwiese sind, solange ich denken kann, stabile Einrichtungen, nur fühlen sich unter den Möwen auch viele andere Arten wohl. Graugansnester zum Beispiel, die sich im Prinzip über die ganze Insel verteilen, finden sich auch mitten in einer Möwenkolonie; die Löffler graust es genauso wenig vor der Gesellschaft Tausender von Möwen wie die Eiderenten, und selbst kleinere Vögel wie Austernfischer und Wiesenpieper haben nichts gegen Möwen als Nachbarn einzuwenden. Auf der anderen Seite gibt es auch unter den Möwen Aussteiger, die keine

Lust auf das Spektakel innerhalb der Kolonie haben und abseits irgendwo für sich nisten.

Im Allgemeinen aber scheinen Möwen auf Exklusivität keinen Wert zu legen. Solange es Nahrung für alle gibt, erweisen sie sich auch Nichtmöwen gegenüber als umgängliche Zeitgenossen, und für die anderen Arten ist es eine Frage der Abwägung: Was den Schutz vor Feinden angeht, ist auf die Möwen absolut Verlass, deren Wachsamkeit entgeht nichts, deren Zorn bekommt jeder Eindringling zu spüren, die Sicherheitsfrage wäre damit geklärt – nur dass sich Möwen im Fall einer Notlage durchaus erlauben, fremde Nester innerhalb ihrer Kolonie auszuräumen und Eier oder Küken zu klauen. Wer vor den räuberischen Anwandlungen der Möwen vollkommen sicher ist, sind die Löffler. Auch vor Gänsen haben Möwen Respekt. Alles, was größer ist als sie, hat nicht viel zu befürchten, aber Austernfischer und Seeschwalben hätten im Zweifelsfall schlechte Karten.

Die Kormorane wiederum brüten im Nordosten der Insel am Rand einer Großmöwenkolonie, grenzen ihr Gebiet aber deutlich ab – wobei sie immerhin gelassen hinnehmen, dass die Graugänse es mit den Revieren nicht so genau nehmen und sich auch bei ihnen breitmachen. Im Vergleich mit ihren direkten Nachbarn, den Möwen, sind Kormorane jedenfalls gemütliche Gesellen. Sie lieben ihre Ruhe und mischen sich nirgendwo ein. Aufgrund ihres Lebensstils kriegt man auf der Insel überhaupt wenig von ihnen mit, denn die meiste Zeit sind sie draußen, segeln über die offene See und fischen. Ich stelle mir vor, dass Memmert für sie die reine Erholung ist, weil hier kein Kormoran damit rechnen muss, von einem wütenden Fischteichbesitzer erschossen zu werden.

Damit fürs Erste genug. Man sieht: Die Brutgebiete stellen einen Flickenteppich dar. Die Brutvogelerfassung wäre ein Leichtes, würde jede Art in ihrer Kolonie oder einem lockerer besetzten Brutgebiet unter sich bleiben, aber die Brutgebiete überschneiden sich, sie sind teilweise aus mehreren Arten zusammengewürfelt.

Es gibt eben zu viele Gesichtspunkte, die bei der Wahl des Nistplatzes berücksichtigt werden wollen. Auch individuelle Vorlieben und Charakter spielen dabei eine Rolle, und so kommt es auf Memmert zu einem bunten Durcheinander, nicht anders als in einer modernen Großstadt in Zeiten der Globalisierung. Was die Brutvogelerfassung aber darüber hinaus zu einer kniffligen Sache macht, ist die Frage des Zeitpunkts: Wann breche ich auf, wann nehme ich mir die einzelnen Brutgebiete vor? Denn im Liebes- und Familienleben meiner Mitbewohner gibt es Phasen, in denen der Inselvogt noch unerwünschter ist als sonst. Dann ist die Insel auch für mich weitgehend tabu, doch dazu mehr im nächsten Kapitel.

II
WAS MACHE ICH HIER?

30 000, 40 000 Vögel, die mit Balzen, Paarung und Nestbau beschäftigt sind – Sie können sich vorstellen, was hier los ist. Der April ist der geräuschvollste Monat, der Mai steht ihm nicht viel nach. Die Möwen kreischen, die Seeschwalben schreien, die Gänse haben pausenlos etwas zu bereden, und die Singvögel singen, denn durch Gesang markieren sie ihr Revier. So machen sie auch innerhalb der eigenen Art klar: Hier niste jetzt ICH.

Sofern sie Zugvögel sind, fängt bei den Brutvögeln alles mit Balz und Paarung an. Und wie es mit der Liebe so ist – einige Arten sind monogam und bringen ihren Partner gleich mit, bei anderen werden die Karten in jedem Frühjahr neu gemischt. Von der Paarung selbst bekomme ich wenig mit, aber die Balz ist etwas fürs Auge, solange sie sich in der Luft abspielt; vor allem die größeren Vögel führen sich dann sonderbar auf und glänzen mit Flugkunststückchen, die so akrobatisch später nicht mehr vorkommen. Kurzum: In der Luft wird um den Partner geworben, da werden die verrücktesten Dinge gemacht, da herrscht auch ein ziemliches Getöse am Himmel, aber die eigentliche Paarung geschieht weitgehend geräuschlos und diskret hinter Dünengrasbüscheln und entzieht sich meinen Blicken.

In dieser Zeit werde ich die Brutgebiete natürlich nicht betreten, und auch beim anschließenden Nestbau will ich nicht im Weg stehen. So stabil sind diese Nester ja nicht, dass sie Herbst und Winter überdauern würden; also müssen sie alljährlich erneuert werden, wobei sich dann wieder erhebliche Unterschiede zeigen: Einige Arten begnügen sich mit einer Kuhle im Sand, andere konstruieren mit großem Fleiß und sagenhafter Geschicklichkeit regelrechte Nestburgen, bei manchen verläuft der Nestbau strikt nach Schema F, und bei manchen scheint es nach Lust und Laune oder individueller technischer Begabung zu gehen.

Auch diese Zeit lasse ich also verstreichen. Von Ende März bis Mitte April liegen die Nerven jedenfalls bei allen blank, es herrscht eine allgemeine Reizbarkeit, und einer Möwenkolonie braucht man sich nur auf 200 Meter zu nähern, schon schlägt ein Wächter Alarm, alle anderen gehen im Schwarm hoch, und dann hagelt es nur noch Proteste. Wenn man Glück hat, bleibt es bei diesem akustischen Trommelfeuer, wenn nicht ... aber dazu komme ich später noch. Um sich ein genaueres Bild vom Treiben meiner Mitbewohner zu dieser Zeit zu machen, müsste man mitten in den Kolonien Tarnhütten aufstellen, aber es ist nicht meine Aufgabe, ihr Privatleben auszuspionieren, ich drehe ja keinen Film, mich interessiert lediglich: Wie viele Vögel einer bestimmten Art haben wir diesmal auf Memmert?

Ähnlich heikel ist die Zeit von Ende Mai bis Mitte Juli, wenn die Küken schlüpfen und heranwachsen. Meine Mitbewohner gebärden sich dann bei jeder Annäherung geradezu hysterisch, sie verdoppeln jetzt ihre Wachsamkeit. Kein Wunder, denn vorläufig finden noch alle Ausflüge der Jungvögel am Boden statt. Es dauert eben eine ganze Weile, bis der Nachwuchs in die Kunst des Fliegens eingeweiht ist, und so lange kennen die Jungen nur eine Strategie, wenn die Erwachsenen bei Gefahr auffliegen: sich unter Grasbüscheln verstecken und so tun, als wären sie gar nicht da. Klar, dass ich mich auch in dieser Phase hüten werde, häufiger als unbedingt nötig zu stören.

Gibt es überhaupt einen günstigen Zeitpunkt? Nun, wenn sie schon ein oder zwei Eier gelegt haben und mit dem Brutgeschäft beginnen, kehrt immerhin eine gewisse Ruhe ein – für mich das Signal, mich mit Klemmbrett, Stift und Blättern mit kartografischen Auszügen der Inseloberfläche zu bewaffnen und in die Brutgebiete aufzubrechen, zur ersten Brutvogelerfassung des Jahres. Die natürlich ein Ding der Unmöglichkeit wäre, wollte man die Vögel tatsächlich einzeln zählen.

Für mich als frischgebackener Inselvogt war es anfangs sehr verwirrend – man durchschaut dieses Durcheinander flatternder Himmelskörper ja nicht; da stiebt alles umeinander, vermischt sich im Flug und lässt sich als Wolke wieder nieder – wie will man da was unterscheiden? Angesichts Zehntausender Vögel fühlt man sich zunächst hilflos und klein, doch mit der Zeit und der Erfahrung klärt sich das Bild, und im Übrigen wird einem die Arbeit durch bewährte Strategien erleichtert.

Gut, das Wetter spielt mit – leichter Wind, Wolkentupfer am Himmel, längere sonnige Intervalle –, brechen wir also auf.

Lassen wir die Koloniebrüter einstweilen beiseite. Nehmen wir uns den Nordheller vor, der vom Haus aus gesehen im Osten der Insel liegt. Der Nordheller, eine flache, offene Graslandschaft, bildet eins der sieben Teilgebiete, in die Memmert unterteilt ist, weil es unmöglich wäre, die ganze Insel an einem Tag zu erfassen, und er bietet sich an, weil die verschiedensten Arten dort übersichtlich brüten – Austernfischer, Wiesenpieper, Feldlerchen, Rotschenkel und Eiderenten hauptsächlich. Außerdem geht es da entspannter zu als bei den Möwen, das ist für den Anfang besser. Im flachen Gelände ragen hier und da lange Stangen auf. Sie markieren die Grenzen der Teilgebiete – da musste ich also nachhelfen, denn mit natürlichen Anhaltspunkten ist Memmert nun nicht gerade gesegnet. Und jetzt, am Rand des Nordhellers, ist der Augenblick gekommen, meine Strategie zu erläutern.

Im Prinzip ist das Verfahren einfach (Erfahrung gehört trotzdem dazu, wenn man zu halbwegs verlässlichen Ergebnissen kommen will): Ich teile mir den ganzen Nordheller in Streifen von fünfzig Metern Breite auf, laufe jeden dieser Streifen ab, durchkämme auf diese Art das komplette Gebiet und scheuche dabei einen Brutvogel nach dem anderen auf. Ich stöbere also herum, und natürlich bedeutet das eine Störung, aber sie ist unvermeidlich; sie ist auch ziemlich unerheblich, weil ich zügig arbeite – Hauptsache, ich erwische alle Vögel. Schon macht es neben mir *fufufufu*, als würde jemand mit einem Lappen um sich schlagen, und eine Eiderente fliegt auf. Ich blicke mich um – aha, da ist das Nest. Jetzt kommt der Eintrag in die Karte des Nordhellers. Genau dort, wo ich das Nest gefunden habe, zeichne ich einen Kreis ein, vermerke die Anzahl der Eier mit entsprechend vielen Punkten und setze das Kürzel EE für Eiderente darunter – fertig. Weiter geht's.

Wenige Schritte später macht es *zezezeze*, und ein Wiesenpieper flattert auf – im Vergleich zur Eiderente ein Zwerg. Wäre er stur sitzen geblieben, hätte ich ihn übersehen, aber so denkt ein Wiesenpieper nicht; für ihn nähert sich etwas Großes, Unheimliches, es droht also Gefahr, und dann kennt er nur eins: auffliegen und warnen. Beziehungsweise singen. Und jetzt wird's kompliziert, denn warnen bedeutet etwas anderes als singen.

Was wir gern für eine nette Freizeitbeschäftigung halten, nämlich Singen, als hätten diese Vögel eine Vorliebe für Arien, ist in Wirklichkeit Revierverhalten. Es kann dem Weibchen anzeigen, dass jetzt das Männchen die Wache übernimmt, es zeigt in jedem Fall allen anderen Vögeln an, dass sie dort, in der Nähe dieses Nests, nichts zu suchen haben. Singen ist sozusagen eine akustische Duftmarke, und diese Marke setzt nur ein brütender Vogel – ein zufällig rastender beansprucht kein Revier. Warnen hingegen ist kein zuverlässiges Zeichen für ein Gelege. Warnen könnte er auch, wenn er sich rein zufällig hier aufgehalten hätte und bloß erschrocken wäre. Um sicherzugehen, werde ich eine Woche später noch einmal hier vorbeikommen – wenn er an ebendieser Stelle dann abermals warnt oder singt, ist er als Brutvogel bestätigt.

Die Zahl der Eier lässt sich auf diese Weise natürlich nicht ermitteln, aber es gibt einen guten Grund, darauf zu verzichten: Das Gelege der Eiderente ist kaum zu übersehen und schnell entdeckt, aber das des Wiesenpiepers ist so klein, so gut versteckt, dass die Suche ungemein zeitraubend und mit einer massiven Störung verbunden wäre – also gebe ich mich mit Indizien zufrieden: dem Auffliegen, dem Singen, dem Warnen. Ein Glück, dass

Singvögel bei Gefahr grundsätzlich auffliegen, sonst würde mir ein großer Teil von ihnen verborgen bleiben.

Und so gehe ich jetzt Nest für Nest vor. Als Nächstes umkreist mich plötzlich ein Austernfischer, und ich weiß: Den kannst du ohne Weiteres eintragen, denn Umkreisen wird als Brutbeweis gewertet – andernfalls würde er mich nicht im Auge behalten wollen, er würde einfach davonfliegen. Mit etwas Glück finde ich dann auch noch sein Nest, das gar nicht so klein ist, und damit hätte ich auch Klarheit über die Zahl der Eier in seinem Gelege.

Was jetzt? Wenn ich hier fertig bin, könnte ich mir die Strandbrüter vornehmen, aber … nein, jetzt nicht. Die kommen später dran. Schauen wir stattdessen bei den Kormoranen vorbei, die im Schatten der nordöstlichen Dünen brüten.

Was für ein Bild! Als käme man aus der Reihenhaussiedlung eines Vororts in die City mit ihren Prachtbauten und Hochhäusern. Genau wie der Löffler ist auch der Kormoran eigentlich Baumbrüter, und nicht anders als der ist er auf Memmert von seiner alten Gewohnheit abgekommen, weil er sich hier in Sicherheit weiß – keine Katzen, keine Hunde, überhaupt nichts, was Krallen oder Reißzähne hätte. Als Bodenbrüter mag man ihn dennoch nicht bezeichnen, denn seine Nester sind spektakulär – sie thronen auf zylindrischen Nesthöckern, teilweise einen halben Meter über dem Boden.

Nicht alle freilich. Jedes Mal, wenn ich die Kolonie der Kormorane betrete, muss ich über die uneinheitliche Bauweise der Nesthöcker schmunzeln. Einen runden Grundriss haben sie alle, aber – ist es nun Faulheit, ist es Mangel an Talent? Einige Höcker jedenfalls sind nachlässig bis regelrecht schlampig gearbeitet, wahllos aus Zweigen und

Strandmüll zusammengestückelt, unter Verwendung von Tauresten und Plastikfetzen, als besäßen ihre Besitzer keinerlei Schönheitssinn, während andere Höcker von höchsten Ansprüchen zeugen, technischen wie ästhetischen – das sind hohe, stabile, sorgfältig aus rein organischen Materialien ausgeführte Konstruktionen mit kunstvoll geflochtenen Nestern. In der Kormorankolonie stehen also Villen und Baracken nebeneinander, und ich frage mich: Ist der Nestbau bei den Kormoranen eine Frage des Charakters, des Temperaments, der Lebenseinstellung? Jedenfalls scheint hier jeder Typus vertreten zu sein, vom Messie bis zum pedantischen Schöngeist.

Im Übrigen macht mir kein Vogel die Arbeit leichter als die Kormorane. Das liegt einmal an ihren unübersehbaren Nestern, aber auch an der straffen Organisation dieser Vögel. Sie besetzen immer dasselbe Territorium, sie hocken ausnahmslos alle aufeinander – also kein Einzelgelege irgendwo in der Landschaft –, sie brüten überwiegend synchron – es gibt also keine Nachzügler, keine Nachgelege, keine Extratouren. Das nenne ich Disziplin. Folglich bin ich mit den Kormoranen schnell durch. Anfang Mai statte ich ihnen meinen Besuch ab, zähle die Nester durch, registriere die Gelege und lasse sie fortan in Ruhe. Allerdings ...

Man soll's nicht glauben, doch ausgerechnet die Kormoranzählung sollte man zu zweit machen. Warum? Weil man sich allein ganz schnell verzählt. Man läuft nämlich in der Kolonie zwischen den Bruthöckern hin und her, dreht sich hierhin, wendet sich dorthin, und bei zweihundertsechzig Brutpaaren kommt man früher oder später an den Punkt, wo man den Überblick verliert. Sobald man seinen Standort ändert, bietet die Kolonie ein anderes Bild, und irgendwann fragt man sich: Habe ich dieses Nest schon erfasst, oder fehlt mir das noch? Besser, man holt dann die Meinung eines zweiten Beobachters ein. Deshalb ziehe ich gern einen Kollegen, eine Kollegin hinzu, oder ich bitte meine Frau – die solche Aufgaben gern übernimmt und sich auf Memmert sowieso sehr wohlfühlt.

Bin ich tatsächlich mal gezwungen, die Zählung allein vorzunehmen ... Nun, es gibt da einen simplen Trick, den mir mein Vorgänger seinerzeit verraten hat: Man hinterlasse eine Nudel in jedem registrierten Nest! Mein Vorgänger pflegte eine Spirelli-Nudel zu deponieren, und alle Zweifel waren ausgeräumt. Sollte diese Nudel bei Regen später aufweichen, dient sie den Kormoranen obendrein als Nahrungsergänzungsmittel ...

Und damit komme ich zu meinen Lieblingsvögeln.

12
DAS SCHWEIGEN DER LÖFFLER

Eigentlich bin ich über jeden Vogel froh, der sich auf Memmert sehen lässt. Bisweilen sind Vögel dabei, die auf der Roten Liste der bedrohten Arten stehen – da schlägt das Herz schon höher. Aber wenn man sich so lange kennt, bleibt es nicht aus, dass man einige Arten mehr ins Herz schließt als andere, und für den Löffler habe ich eine besondere Schwäche entwickelt, denn er ist der Aristokrat unter den hiesigen Vögeln.

Wer ist der angenehmste Mitbewohner in einem Mietshaus? Derjenige, von dem man am wenigsten mitbekommt, der einen nicht mit Beschwerden behelligt und nicht mit Partylärm belästigt. Auf Memmert geht es mir ähnlich, und die besten Manieren hat nun einmal der Löffler. Er greift nicht an, er macht keinen Lärm, er wahrt bei allem würdevolles Schweigen und verliert niemals die Beherrschung. Werden Löffler gestört, fliegen sie kommentarlos auf, lassen sich hundert Meter weiter nieder, behalten einen gelassen im Auge und warten in aller Ruhe ab, was passiert – diese Tiere protestieren nicht, sie umkreisen einen nicht mal, sie lassen die Dinge auf sich zukommen und schütteln höchstens die schönen Köpfe.

Andere Vögel ergreifen erschrocken oder erzürnt die Flucht – der Löffler zieht sich diskret zurück, selbst den Warnruf spart er sich. Wo Möwen das Sagen haben, ist man dankbar für das Schweigen der Löffler.

Außerdem sind diese Vögel eine Augenweide. Löffler gehören zur Gattung der Ibisse, sie sind mit die größten Vertreter dieser Art, und da sie stets Haltung bewahren, könnte man fast Hochachtung vor ihnen haben. Und dieser Haarschopf! Der Rest ihres Körpers ist weiß, die Beine anthrazitfarben, der Schnabel ebenfalls – bis auf den Löffel, der ins Gelbbraune spielt –, und dazu kommt dieser hübsche, lichtgelbe Pferdeschwanz im Nacken. Mit einem Wort: Der ganze Vogel wirkt einfach schick.

Für mich sind es stolze, besonnene, beinahe majestätische Vögel, deren Motto zu lauten scheint: Bloß kein Tamtam ... Wenn ich eine ihrer Kolonien betrete, bietet sich mir übrigens ein ganz ähnliches Bild wie bei den Kormoranen. Als Baumbrüter mögen auch sie den platten Erdboden immer noch nicht, und wie die Kormorane setzen sie ihre Nester auf Höcker – fünfzig Zentimeter im Durchmesser und auch fünfzig Zentimeter hoch –, nur dass sie die Nester weicher auspolstern. Auch hier fällt wieder das unterschiedliche handwerkliche Talent ins Auge. Es gibt wunderbar sorgfältig gearbeitete Nesthöcker, regelrechte Hochhäuser, äußerst stabil, und es gibt andere, die sich kaum über den Boden erheben und lieblos zusammengeschustert wirken. Anders als die Eiderente zum Beispiel scheinen Kormorane und Löffler keine Bauvorschriften zu kennen, und anders als die Kormorane brüten Löffler, wo sie wollen.

Mittlerweile haben sie sogar die Angewohnheit, einzelne Nester fernab der Kolonien mitten in die Pampa zu setzen. Bei den Löfflern würde ich folglich schier verzweifeln, gäbe es nicht GPS. Mit einem GPS-Gerät kommt man selbst hier zu genauen Ergebnissen, denn es liefert mir die Koordinaten und erlaubt mir so, den exakten Standort eines Einzelgängernestes in meiner Karte einzutragen. Es leistet mir aber noch weitere unschätzbare Dienste, denn Löffler sind undiszipliniert. Sie kommen, wann sie wollen, sie brüten, wann sie wollen, bei ihnen gibt es Nachzügler und Nachgelege, weshalb ich bei ihnen zwei Durchgänge machen muss. Und jetzt stelle man sich vor: Bei meinem ersten Besuch Anfang Mai ist die Vegetation niedrig und jedes Nest gut sichtbar. Anfang Juni aber, wenn ich sie zum zweiten Mal aufsuche, ist die Vegetation hoch und dicht, und ich erkenne nichts wieder. Es sind neue Nester dazugekommen, klar, aber welche? Die Landschaft hat sich völlig verändert, Orientierung ist nicht mehr möglich. Also, da hilft nur GPS.

Ja, sie machen viel Arbeit, aber den Löfflern sehe ich das gerne nach. Jahrelang beherbergte Memmert die größten Löfflerbestände Deutschlands, und alle blieben in einer einzigen Kolonie unter sich – das hat sich drastisch geändert. Auch wenn sie niemals lautstark protestieren, scheinen Löffler durchaus nicht alles stoisch hinzunehmen. Und damit komme ich allmählich zum Schluss meiner Brutvogelerfassung. Aber lassen Sie uns vorher noch die Eiderenten aufsuchen. Und die Großmöwen.

Auf die Nester der Eiderenten trifft man praktisch überall, auf Grasflächen wie in den höheren Dünen. Eine Wasserstelle, einen Tümpel oder Priel in der Nähe zu haben, wäre natürlich ganz nach ihrem Geschmack. Wie die meisten anderen Bodenbrüter muss ich auch sie aufscheuchen, und am Anfang passierte mir immer dasselbe: Ich erschrak. Da hatte ich eine übersehen, sie hob erst in allerletzter Sekunde mit laut klatschendem Flügelschlag direkt neben mir ab, und wenn man nicht darauf vorbereitet ist, zuckt man unwillkürlich zusammen. Ich erschrecke nicht leicht, aber dieses plötzliche Klatschen, das nach dem Flügelschlag eines viel größeren Wesens klingt, mag ich überhaupt nicht. Mit der Zeit legt sich diese Empfindlichkeit, aber anfangs war es immer der gleiche kurze Schock.

Was jedoch ihre Nester angeht – die sind an Komfort und Ästhetik nicht zu überbieten. Eiderenten polstern ihre Nester nämlich vollständig mit Daunen aus und lassen dabei einen erstaunlichen Sinn für Regelmäßigkeit und Schönheit erkennen.

Die Daunen der Eiderente sind bekanntlich die teuersten der Welt, weil sie in puncto Wärmedämmung unübertroffen sind, und die Daunen im Nest stammen natürlich von dem jeweiligen Vogel selbst. Die Weibchen rupfen sie sich aus dem Daunenkleid und breiten sie ringförmig über die gesamte Nistfläche aus, ganz akkurat, geradezu liebevoll. Die Eiderenten gehören ja zu den ersten Rückkehrern, sie treffen mit den Gänsen zusammen Ende März oder Anfang April ein, wenn es auf Memmert noch kalt und regnerisch sein kann, und wenn das Weibchen dann auf seinem Nest sitzt, sind die Eier ringsum in Daunen gehüllt und wunderbar gegen die Witterung geschützt. Wobei Memmert für Eiderenten der sonnige Süden ist, denn diese Art brütet auch noch viel weiter nördlich.

Kurz und gut, die Eiderenten haben sich auf ein Standardmodell geeinigt, das überall zur Ausführung kommt. Bei ihnen findet man auch kein Fitzelchen Müll im Nest, diese Tiere sind handwerklich alle große Könner. Auf das Auspolstern von Nestern allerdings haben sie kein Monopol. Auch Stare beispielsweise kennen dieses Verfahren, nur dass diese Vögel keine eigenen Federn verwenden, sondern herumliegende Federn zusammentragen. Ein vorbeifliegender Star mit einer kleinen Feder quer im Schnabel ist auf Memmert jedenfalls kein seltenes Bild.

Und jetzt lässt es sich nicht länger hinausschieben. Die Großmöwen erwarten mich zwar nicht, ich muss aber trotzdem hin. Kurz zur Erklärung: Heringsmöwen und Silbermöwen gehören zu den Großmöwen und brüten grundsätzlich in denselben Kolonien zusammen. Die beiden sind vom selben Schlag, auch gleich groß, aber gut zu unterscheiden, denn Heringsmöwen haben anthrazitfarbene Flügeldecken und gelbe Beine, Silbermöwen hingegen silberne Flügeldecken und fleischfarbene Beine. Schnäbel und Köpfe sind allerdings gleich, und genauso weisen auch beide Arten den rötlichen Brutfleck auf, der seitlich am Schnabel sitzt und nach der Brutzeit wieder verblasst.

Ich nähere mich, und sofort geht es los. Ich habe es schon gesagt: Möwen sind hervorragend organisiert, und kaum haben sie mich entdeckt, gehen Hunderte von Vögeln sozusagen an die Decke, bauen zunächst eine Drohkulisse auf und errichten eine schützende Wand aus Vogelleibern um die Kolonie, bevor sie sich über meinem Kopf zusammenziehen, sodass ich mich permanent unter einer Haube von kreisenden, hin und her pendelnden, auf und nieder steigenden Möwen bewege. Und die ganze Zeit, vom ersten Augenblick an, wird wütend herumkrakeelt. Möwen können richtig Krach schlagen, ihr Gezeter ist nervenzerrüttend, und locker lassen sie erst, wenn sie ihr Ziel erreicht und den Eindringling aus ihrer Kolonie vertrieben haben.

Ihre Devise lautet: Jeder Quadratzentimeter Möwenterritorium wird bis zur letzten Schwanzfeder verteidigt. Hinein und hindurch muss ich trotzdem. Nun kann die übliche Strategie des Aufstöberns und Aufscheuchens hier natürlich nicht funktionieren, es sind ja sowieso die meisten in der Luft. Die Nester eins nach dem anderen aufsuchen und eintragen geht aber auch nicht, denn Großmöwen streuen ihre Nester weiträumig und verstecken sie auch gern unter Grasbüscheln. Das gäbe eine endlose Sucherei, und man würde die Hälfte der Nester übersehen. Abgesehen davon wäre die Störung immens, weil man Tage brauchen würde, und von der Nervenbelastung will ich gar nicht reden.

Deshalb wenden wir hier eine andere Methode an: die sogenannte Flugzählung. Das heißt: Je nach Größe des Territoriums marschieren zwei oder drei Leute ein, womit man sicher sein kann, dass praktisch alle Koloniebewohner in der Luft sind, und dann werden die Vogelleiber am Himmel gezählt. Na ja, gezählt ist gut. Geschätzt, sollte ich sagen, und natürlich kommt man auf diese Weise nicht zu exakten Werten, aber das Ergebnis dürfte immerhin genauer ausfallen, als würde man die Gelege zählen. Im Übrigen … niemanden interessiert, ob es nun 3500 oder 3600 Paare sind. Möwen stehen nicht auf der Roten Liste der vom Aussterben bedrohten Arten, und für unsere Zwecke reicht es, zu ermitteln, ob die Population wächst oder schrumpft. Um auf die Anzahl der Brutpaare zu kommen, wird das Ergebnis der Flugzählung hinterher mit 0,7 multipliziert, und damit erhält man das Ergebnis.

Sicherheitshalber werden die Möwen noch ein zweites Mal vom Flugzeug aus gezählt. Sitzende Möwen sind nämlich groß genug, um sie aus der Luft im Gras zu erkennen, außerdem strahlen sie weiß, und jetzt braucht man ihre Gebiete nur in geeigneter Höhe zu überfliegen und zu fotografieren. Diese Bilder kann man später in Ruhe auswerten und mit dem Resultat der Flugzählung abgleichen, und, wie gesagt, auf eine Möwe mehr oder weniger kommt es nicht an.

So, ich habe meine Aufzeichnungen gemacht. Am Ende eines solchen Tages sind mehrere Blätter mit Kringeln und Punkten und Kürzeln übersät, jetzt müssen sie nur noch ins Reine übertragen werden – kein Originalblatt übersteht den Tag unlädiert. Aber das mache ich nie am selben Abend, ein Arbeitstag in den Brutgebieten ist anstrengend genug.

Im Juli klingt dann die Brutzeit aus, jetzt kommen allenfalls noch kleine Extrabeobachtungen dazu. Bis dahin habe ich fünf komplette Durchgänge hinter mich gebracht und war von Mitte April bis Mitte Juli beschäftigt. Danach wird es ruhiger, denn jetzt sind die Nester verwaist, die Altvögel sind mit der Betreuung der Jungen beschäftigt, und die Jungvögel durchlaufen die kurze Schule des Lebens, denn bis zum Herbst müssen sie fast alles gelernt haben, was man als Möwe, Löffler oder Wiesenpieper wissen bzw. können muss.

Dazu später mehr. Für den Augenblick will ich mir eine Tierart vornehmen, von der noch gar keine Rede war (und nein, es sind nicht die Kaninchen).

13
GIBT ES LEBEN AUF KACHELOT?

Wenn Sie an einem brühheißen Sommertag in praller Sonne einen ausgewachsenen toten Kegelrobbenbullen, der obendrein schon beängstigend aufgebläht ist und überdies erbärmlich stinkt, am Strand begraben müssen, dann überlegen Sie sich, ob Sie direkt neben dem Tierkörper zu graben anfangen oder das Loch in drei bis vier Metern Entfernung machen. Einerseits ist der Gestank direkt daneben unerträglich, andererseits wiegt eine solche Kegelrobbe an die 300 Kilo, und wie soll man den Kadaver zu dem ausgehobenen Loch schaffen, wenn drei bis vier Meter dazwischenliegen? Wälzen kommt ja nicht in Betracht.

Ich stand eines Tages vor diesem Problem. Ich wusste, dass ich meine Entscheidung bereuen würde, egal wie sie ausfiel, aber liegen lassen ging nicht, und als ich mit der Schaufel zurückkam, begann ich schweren Herzens gleich neben der Robbe zu graben – wohlweislich auf der Luvseite, von wo der Wind wehte. Was nicht viel nützte. Der Sand war feucht und fest, die Arbeit ging zügig voran, aber mir graute vor jedem Atemzug, denn der Gestank war schlichtweg widerlich. Als das Grab die nötige Tiefe hatte – es sah tatsächlich wie ein Grab aus, über zwei Meter lang –, fasste ich die Schaufel am oberen Ende, hebelte den massigen Körper mit dem dunklen, leicht melierten, zum Zerreißen gespannten Fell zügig über die Kante ins Loch und schaufelte es mit letzter Kraft und, praktisch ohne Luft zu holen, zu.

Vielleicht war es doch die falsche Entscheidung gewesen. Vielleicht hätte ich das Grab doch in einiger Entfernung anlegen sollen. Aber dann wäre die Robbe auf halbem Weg womöglich geplatzt. Nein, so war es schon klüger gewesen.

Hinterher beschlichen mich zwiespältige Gefühle. Schade, dass man den Robben so nahe nur kommt, wenn sie tot sind. Im Leben hätte ich diesen Kegelrobbenbullen nur von Weitem gesehen. Dabei kann man wirklich nicht sagen, dass sie sich in den hiesigen Gewässern rarmachen. Seehunde wie auch die deutlich größeren Kegelrobben leben nämlich gleich nebenan, auf Kachelot. Dort haben sie ihre Kolonie, und zwar am Nordoststrand, wo sie sich zu Hunderten tummeln.

Weshalb dort? Aus Gründen der Sicherheit. An dieser Stelle haben sie nämlich direkten Zugang zur Juister Balje, dem Hauptzufluss des hiesigen Prielsystems, wo sich in einer Kurve aufgrund der hohen Strömungsgeschwindigkeit eine Steilkante gebildet hat, und Robben lieben solche Strände mit Gefälle, weil sie ihnen die schnelle Flucht ins rettende Wasser erleichtern. An einem flachen Strand wäre dies eine langwierige und umständliche Prozedur, denn Robben sind an Land nun mal nicht eben flink, am Rand der Balje aber hilft die Schwerkraft nach, und in jedem Moment auf ihre Sicherheit bedacht sind alle Robben. Aus gutem Grund.

Denn selbstverständlich wurden Robben früher bejagt, und viele Friedhöfe Ostfrieslands bezeugen diese Tradition. Schauen Sie sich bei einer Fahrt durch Ostfriesland – nur zum Beispiel – einmal auf dem Gräberfeld neben der Kirche von Westeraccum um. »Thees Otten Peters« ist dort auf einem reich dekorierten Grabstein zu lesen, und in der nächsten Zeile heißt es: »Der Robbenjäger«. Also nicht irgendeiner! Obwohl seinerzeit natürlich keineswegs der Einzige, war dieser Mann ganz offenbar nicht nur stolz auf sich und seinen Beruf, sondern allem Anschein nach auch der Meinung, zu den Besten gehört zu haben. 1858 geboren, ist Thees Otten 1932 gestorben, und damals muss die Robbenjagd als ehrbares Handwerk gegolten haben. Ein lukratives war sie ohnehin.

Unter den Robben ist diese Zeit unvergessen, obwohl sie schon eine Weile zurückliegt. Dass der Mensch ihr ärgster Feind ist, dieses Wissen überträgt sich bei ihnen von einer Generation auf die nächste. Deshalb komme auch ich bei meinen Wanderungen nach Kachelot nicht näher als 400, allenfalls 300 Meter an sie heran – wie auf Kommando gehen dann alle ins Wasser, unweigerlich. Niemand würde in diesem Moment glauben, dass die Kegelrobbe Deutschlands größter Beutegreifer ist. Aber mit einer maximalen Länge von zweieinhalb Metern und einem Gewicht von über 300 Kilo hat sie durchaus Anspruch auf diesen Titel.

Menschen wird sie eher nicht angreifen. Die Kegelrobbe jagt Fische, und sie macht das außerordentlich clever, denn ihre Barthaare sind hochempfindliche Tastorgane, die ihr anhand der Verwirbelungen im Wasser während der Jagd sogar Auskunft darüber geben, welche Sorte gerade an ihr vorbeischwimmt. Kegelrobben können also auch im Trüben fischen – und darüber hinaus mal eben auf eine Tasse Tee zu ihren Verwandten an der schottische Ostküste schwimmen! Sie wissen, wo ihre Artgenossen dort zu suchen sind, sie wissen auch, wie man dahin kommt, sie müssen sich in der offenen Nordsee also jederzeit über ihre Position im Klaren sein und finden hinterher auch wieder nach Kachelot zurück.

Aber es gibt noch einen zweiten Aspekt, der aus Robbensicht für einen Lagerplatz an der Juister Balje spricht. Nicht nur, dass sie hier hoch und trocken liegen und alles überblicken, sie haben auch die üppigsten Nahrungsgründe gleich vor ihrer Nase. Die Balje stellt nämlich an dieser Stelle den einzigen Verbindungsweg zwischen dem Prielsystem im Watt und dem offenen Meer dar, und jeder Fisch, der hin oder her wechselt, muss da durch – insofern haben die Robben hier die große Auswahl, sie müssen sich wie an der Theke eines Sushirestaurants vorkommen.

Denn nicht nur Kegelrobben, auch Seehunde sind Jäger. Wenn ich früher auf Memmert die alljährlichen Touristenführungen noch komplett selber machte, hatte ich immer einen Seehundschädel dabei. Diesen Schädel habe ich rundgehen und die Leute raten lassen, zu welchem Tier er gehört. Es kam vor, dass keiner die Antwort wusste, einfach weil niemand Reißzähne mit einem Seehund verbindet. Aber sie haben tatsächlich Fangzähne wie ein Hund – das süße Kindergesicht darf nicht darüber hinwegtäuschen –, und ich möchte auf keinen Fall von einem Seehund gebissen werden.

Gelegenheiten dazu hätte es einige gegeben. Dann und wann treffe ich nämlich auf einen Heuler, ein Seehundbaby, das mutterseelenallein bei mir am Strand liegt. Wenn ich dann mit meiner Schubkarre komme, gilt die

Regel: Handschuhe überstreifen und immer am Schwanz anfassen! – was sie natürlich nicht mit sich machen lassen wollen (es will ja kein Tier von einem Menschen gerettet werden). Aufziehen kann ich es nicht, daher fahre ich es zur Juister Balje, wo auf der anderen Seite vielleicht schon ein aufgeregtes Muttertier zu sehen ist, also ab ins Wasser mit ihm und den Kleinen. Im günstigsten Fall kommt das Muttertier dann angeschwommen, um ihr verlorenes Baby in Empfang zu nehmen; es kann aber auch passieren, dass der Heuler zu mir zurückwill und wieder Kurs auf Memmert nimmt.

Einmal im Wasser aber, fühlen sie sich schlagartig sicher. Alle Ängstlichkeit fällt von ihnen ab, und die Neugier siegt – dann schwimmen sie an mein Boot heran oder beäugen mich fasziniert, gar nicht weit vom Ufer entfernt und alle Köpfe in meine Richtung gedreht, wenn ich am Strand von Kachelot vorüberlaufe. Im Wasser sind sie wie verwandelt, und aus den unbeholfenen, misstrauischen und stets fluchtbereiten Tieren, die man soeben noch an Land erlebt hat, werden elegante Schwimmer, die mich aus großen Augen mit freundlichem Interesse anblicken.

Das Wasser ist ihr Element, und die Gezeiten bestimmen ihr Leben vom ersten bis zum letzten Atemzug. Wer sich Sandbänke als Rückzugsorte aussucht, der muss eben zweimal am Tag sein Domizil räumen, denn nach sechs Stunden kommt die Flut. Dann heißt es ab ins Wasser und ohne Pause schwimmen, jagen, fressen, die nächsten sechs Stunden durchhalten, bis die Ebbe ihre Sandbank erneut freigibt. Man kann sich vorstellen, dass Robben nach der anstrengenden Jagd erschöpft sind und erst mal ihre Ruhe haben wollen, zumal die nächste Flut nicht lange auf sich warten lässt – und in der kurzen Zeit zu allem

Überfluss noch unerlässliche Geschäfte zu erledigen sind. Zwar findet die Paarung im Wasser statt, aber nur auf der Sandbank werden die Jungen zur Welt gebracht, nur bei Ebbe können sie gesäugt werden, und immer droht schon das nächste Hochwasser, die nächste Räumungsaktion. Neugeborene Seehunde müssen folglich bereits nach wenigen Stunden beweisen, dass sie eigentlich für ein Leben im Meer bestimmt sind.

Von alledem bekomme ich auf Memmert allerdings kaum etwas mit; das Treiben der Robbenkolonie spielt sich von hier aus gesehen im Verborgenen ab. Der tote Kegelrobbenbulle am Strand von Memmert ist glücklicherweise ein Einzelfall geblieben. Tote Seehundbabys entdecke ich auf meinen Rundgängen schon häufiger. Schön sind solche Funde nicht, aber im Grunde doch ein erfreuliches Zeichen, wenn man sie als die Kehrseite des prallen Lebens betrachtet, das dort drüben auf Kachelot herrscht.

Das war nicht immer so. Ende der Achtzigerjahre wütete unter den Seehunden der Nordsee eine tödliche Seuche, und mein Vorgänger sah sich damals vor die grausige Aufgabe gestellt, zweihundert Seehundkadaver am Strand von Memmert zu begraben. Die Kegelrobbe galt seinerzeit sogar als ausgestorben. Nachdem die ersten Tiere dieser Art in den Neunzigerjahren zur allgemeinen Überraschung am Nordostufer von Kachelot auftauchten, vergingen noch Jahre, bevor sich Nachwuchs einstellte. Mittlerweile aber vermehren sie sich. Männer vom Schlag eines Thees Otten Peters gibt es seit Längerem nicht mehr, und wer weiß, ob kommende Kegelrobbengenerationen von ihren Eltern nicht geflüstert bekommen werden: So gefährlich ist der Mensch eigentlich gar nicht …

14
DER INSELVOGT
IN DIPLOMATISCHER MISSION

Da man mir sowieso auf die Schliche kommen wird, gestehe ich gleich freimütig: Die folgende Geschichte erzähle ich als Überleitung zu meiner Kindheit in Ostfriesland. Was diese Geschichte nicht weniger interessant macht. Also …

Ganz zu Beginn meiner Dienstzeit auf Memmert lassen sich zwei mit ihrem Motorboot auf Kachelot trockenfallen und verschaffen sich dort Bewegung, spazieren herum. Was für eine Dreistigkeit, denke ich und laufe los. Vielleicht wollen sie ausprobieren, ob der neue Inselvogt auf Zack ist. Na, wartet …

Jedoch der Weg ist lang, der Groll verfliegt. Als sie mich entdecken, ziehen sie sich – schuldbewusst? – an Bord zurück. Aha, ein Mann und eine Frau. »Moin«, sage ich, und siehe da, der Mann spricht ebenfalls Platt, die beiden kommen von Juist. Man tauscht sich kurz aus.

»Ja, ich wollt mal unters Schiff gucken.«

»Ihr wisst wohl, dass Ihr das hier nicht dürft?«

Doch bald schon heißt es: »Magst du nicht an Bord kommen? Unterhalten wir uns, trinken wir einen Tee.«

Ich habe nichts dagegen. »Jou, machen wir.«

Ich muss sagen: Sie sind nett. Irgendwann breche ich wieder auf, weil die Flut zurückkommt, aber man scheidet im guten Einvernehmen, und das Nächste ist: Ich lerne Leute vom Segelklub kennen, ich lerne den Vormann der Seenotretter kennen, und alle begegnen mir offen und freundlich.

Natürlich kam es auch zu Diskussionen, und ich bekam das Öfteren zu hören: »Aber dein Vorgänger, der war ein schwieriger Fall.« Ja, davon habe ich gehört. Und damit geht's ans Eingemachte. Denn der hat kein Blatt vor den Mund genommen. Der hat den Nationalpark mit Zähnen und Klauen verteidigt. Ich habe das Glück, dass sich der Pulverdampf inzwischen gelegt hat. Aber für meine neuen Juister Freunde habe ich noch einen weiteren Vorzug: Im Gegensatz zu meinem Vorgänger bin ich Ostfriese. Mit mir kann man Platt reden, das macht die Leute ohnehin zugänglicher, da sagen sie sich: »Der Neue ist einer von uns, mit dem kann man reden.« So sind sie, so sind wir, und vielleicht ist es nirgendwo auf der Welt anders, aber Tatsache ist: Mir als Ostfriese hört man zu, wenn ich meinen Standpunkt vertrete. Wenn ich sage: »Lasst die Insel, wie sie ist. Nicht dass jeder von euch sagt: Ich will dahin. Ich kann euch die Insel nun mal nicht zugänglich machen, es würde mich meinen Job kosten.«

Anfangs war das gar nicht so einfach, denn auch für Erwachsene hängen die süßesten Früchte in Nachbars Garten. Da bekommt der Name eines kleinen struppigen Eilands plötzlich einen magischen Klang, und viele bitten mich, für sie eine Ausnahme zu machen.

»Leute«, sage ich, »wenn ich einem von euch die Genehmigung erteile, spricht sich das überall rum. Dann bekommt der Gesangsverein davon Wind, im Yachtklub horchen sie auf, auch die Theatergruppe wittert Morgenluft, und alle stehen bei mir Schlange ... Also bitte nicht. Das Betretungsverbot gilt für alle.«

Was soll ich sagen? Es hat jedem eingeleuchtet, und unser gutes Einvernehmen hat bis zum heutigen Tag Bestand.

Seither hilft man sich gegenseitig. Ich spiele gern die Rolle des Vorpostens für die Seenotretter auf Juist, und wenn ihr Vormann mich anruft, weil er wissen möchte, ob vor Kachelot ein Boot treibt, gehe ich selbstverständlich mit meinem Feldstecher auf die Düne gucken – genauso, wie die Seenotretter andererseits mir zu Hilfe kommen, wenn mir die Starterbatterie am Boot abgesoffen ist. Sollte ich witterungsbedingt auf Juist festhängen, gäbe es dort auch jederzeit für mich ein Bett. Kurzum: Die Zeiten der Konfrontation sind vorbei, mein Standpunkt wird akzeptiert, und Memmert wird respektiert.

Gottlob. Denn Juist ist nun mal die Mutterinsel von Memmert. Mit Borkum, der anderen Nachbarinsel, habe ich nichts zu tun, die Entfernung ist einfach zu groß. Wenn ich einkaufen muss, erledige ich das auf Juist, wenn ich Hilfe brauche, wende ich mich nach Juist. Es war richtig, sich von Anfang an mit dem großen Nachbarn gut zu stellen, aber wahr ist auch: Wenn du das typische ostfriesische Gebaren hast, wenn du das vertraute Platt sprichst, dann öffnet sich dir so manche Tür.

Kurzum: Ich spreche ihre Sprache. Ich bin Ostfriese. Ich weiß, wie die Menschen hier ticken. Ich komme aus Berumerfehn, ich stamme obendrein aus einer Familie von Fischern, und da meine Herkunft meine Entscheidung für Memmert nicht unwesentlich beeinflusst hat, will ich jetzt davon erzählen.

15
FRÜHE JAHRE
EINES GLÜCKSKINDS

Schon im ersten Jahrzehnt meines Lebens war ich davon überzeugt, ein Glückskind zu sein. Nach allem, was ich heute über das Glück weiß, war ich es tatsächlich.

Glück hatte ich mit meinen Eltern, die als Selbstständige ein Friseurgeschäft betrieben und wenig Zeit für mich hatten, aber immer zur Stelle waren, wenn ich sie brauchte. So lernte ich die Freiheit kennen und lieben. Und Glück hatte ich mit der Umgebung meines Heimatdorfs, die aus Kanälen, Wald und Moor bestand – so lernte ich die Natur kennen und lieben. Glück hatte ich aber auch mit mir selbst, weil meine unersättliche Neugier mit Erlebnishunger und Bewegungsdrang gepaart war – so lernte ich das Abenteuer kennen und lieben.

Später bin ich viel gereist, möglichst im Auto, ab und zu mit dem Flugzeug, einmal bis nach Neuseeland. Aber den Wohnort habe ich nie gewechselt, denn auch mit meinem Heimatdorf hatte ich Glück, dieser lockeren Ansammlung roter Häuser mit sehr viel Grün dazwischen, hohen, dunklen Bäumen, Rasenflächen, Hecken, einer Windmühle und der Kirche gleich gegenüber – keiner dieser schönen, alten, wie sie von Ostfriesland erwartet werden, sondern einer neuen, denn Berumerfehn stammt aus jüngerer Zeit, genauer gesagt aus dem Jahr 1794. Seine Entstehungsgeschichte ist einigermaßen abenteuerlich, ich will sie deshalb nicht unerwähnt lassen.

Mitte des 18. Jahrhunderts hatten sich die begüterten Kaufleute der Stadt Norden zusammengetan und eine Gesellschaft zum Zweck der Torfgewinnung gegründet, denn Norden wuchs, und Brennstoff war knapp. Mit Holz musste man im baumarmen Ostfriesland sparsam umgehen, importiertes Holz kostete nicht weniger als importierte Kohle, aber Torf war erschwinglich und in Mengen verfügbar, vorausgesetzt, man unterzog sich der erheblichen Mühe, die ausgedehnten Hochmoore Ostfrieslands trockenzulegen. Dies nun war das erklärte Ziel der Norder Fehngesellschaft, wie sie sich nannte, und nachdem man die nötigen Mittel aufgebracht hatte, ging man ans Werk.

Der Hauptkanal entstand, fünfzehn Kilometer lang, von der Stadt Norden bis an den Rand des Moors. Dort, am Endpunkt des Verbindungskanals, konzentrierten sich nun alle Kräfte, die zur systematischen Entwässerung des Moors durch sogenannte Wieken (Stichkanäle) benötigt wurden, und so bildete sich an dieser Stelle eine armselige Siedlung, die mit der Zeit freilich aufblühte, begünstigt durch das Kompaniehaus der Norder Fehngesellschaft. Dieses imposante Gebäude beherbergte nicht nur Lagerräume, Ställe und Schlafzimmer für den Fall, dass sich die hohen Herrschaften aus Norden mit eigenen Augen vom Stand der Dinge und den Fortschritten des Unternehmens überzeugen wollten, hier gab es auch eine Post und einen Lebensmittelladen und nicht zuletzt die Schalter des Lohnbüros, die sich den Torfstechern an Zahltagen öffneten.

So wurde das Moor allmählich kultiviert. Von Pferden gezogen, gelangte der Torf über den Verbindungskanal in offenen Kähnen nach Norden, und im Lauf der Zeit wurden die trockenen Flächen des einstigen Moors von Bauern besiedelt. Mittelpunkt dieser kleinen Welt aber blieb jene Ortschaft, die sich rings um das Kompaniehaus gebildet hatte und heute Berumerfehn heißt. Das Kompaniehaus gibt es immer noch, und da man die Nacht dort, ohne viel Geld loszuwerden, in geräumigen Zimmern verbringen kann, ist es sehr zu empfehlen, schon als Kind brachte ich für Kompaniehaus und Dorfgeschichte viel Interesse auf, doch noch mehr zog es mich in den Wald, der unweit des Hauses begann (und beginnt).

Ich nahm mir Dinge vor, die andere sich nicht vornahmen. Zum Beispiel wollte ich herausfinden, wo der Bussard wohnte, der täglich über dem Dorf kreiste. Ich beobachtete ihn unermüdlich. Ich folgte ihm am Boden, als wäre ich sein Schatten. Und als er seinen Horst ansteuerte, folgte ich ihm weiter, durch den Wald, wo ich ihn zwischen den Baumkronen aus den Augen verlor, wo ich auf mein Gehör angewiesen war, denn sein Schrei war nach wie vor in regelmäßigen Abständen zu hören, und dann erblickte ich ihn auch wieder und lief weiter, bis ich sein Nest tatsächlich entdeckte, ganz oben, in der höchsten Fichte. Aha, sagte ich mir, dort wohnt er, und fühlte mich wohl in der Haut des Entdeckers.

Da ich für mein Leben gern kletterte, nahm ich mir ein anderes Mal vor, eine Ringeltaube in ihrem Nest zu besuchen. Dieses Nest war schwer zu erreichen, es befand sich in der Peripherie der Krone, dort, wo die Äste dünn werden, aber ich riskierte es, ich schaffte es auch, blieb dann reglos da oben sitzen, und wirklich, die Ringeltaube kam zurück, ließ sich auf ihren Eiern nieder und brütete vor meinen Augen weiter – wieder etwas, was ein anderer bestimmt noch nicht gesehen hatte.

Solche Sachen machten mir Spaß. Hauptsache, draußen sein, Hauptsache, in Bewegung bleiben. Und dann erlebte ich etwas Seltsames, eine Art Offenbarung. Es war im Ort, und es kam über mich wie ein Blitz: die Erkenntnis nämlich, dass man durch Willenskraft Dinge in Gang setzen kann, vor denen die reine Körperkraft kapitulieren würde. Ich mag zehn Jahre alt gewesen sein, und plötzlich war ich davon überzeugt: Der Wille vermag Grenzen zu überwinden, die einem der Körper setzt.

Ich weiß nicht, wie ich darauf kam. Aber ich hatte bis dahin eine Art Makel mit mir herumgeschleppt, etwas, was mich an mir störte. Soll ich es Zaghaftigkeit nennen? Jedenfalls hielt ich mich manchmal ganz gegen meinen Willen zurück, gab zu früh auf. Andere Kinder traten im Alltag unbekümmerter, draufgängerischer, forscher auf. Woran lag das? Ich war nicht dick, nicht schwerfällig und auch keineswegs ängstlich, ich kletterte in jeden Baum, und dennoch fehlte mir im entscheidenden Moment bisweilen das nötige Zutrauen zu mir selbst. Nun, damit war es jetzt vorbei. Mit einem Mal war mir klar, dass ich über ungeahnte Kraftreserven verfügte, dass ich unerschöpfliche Energien freisetzen konnte: einfach, indem ich nicht aufgab. Indem ich der Erschöpfung nicht nachgab, die Enttäuschung nicht gelten ließ, mich von der Aussichtslosigkeit nicht abschrecken ließ. Ab jetzt war für mich alles nur noch eine Frage der Willenskraft. Ich war mir sicher: Der Körper weiß nur von der Kraft, die in ihm steckt, der Wille aber weiß von Kräften, die weit darüber hinausgehen.

Ist es ein Wunder, dass sich etwa ein Jahr später bei mir der nächste merkwürdige Gedanke einstellte? Ich hatte nämlich genauso plötzlich wie beim ersten Mal die Gewissheit, in meinem Leben etwas Besonderes zu machen. Nicht, dass ich mich für etwas Besonderes gehalten hätte. Es war eine Eingebung, und seither wusste ich einfach: Du wirst in deinem Leben, irgendwann einmal, etwas Besonderes machen.

Im Grunde war mir dieser Gedanke vollkommen fremd, weil mir die Zukunft vollkommen egal war. Doch von nun an lebte ich sorgloser denn je. *No Future!*, tönten manche jungen Leute Ende der Siebzigerjahre – ich war für diese Botschaft nicht empfänglich. Ich hielt mich an meine kleine, private Verheißung, betrachtete die Welt im Übrigen als einen großen Abenteuerspielplatz und entdeckte als Nächstes mit meinem Vater das Meer.

Als Friseur in Berumerfehn fühlte sich mein Vater wie ein Fisch auf dem Trockenen. Groß geworden war er an der Küste, mit einem Fischer als Vater, nur hatte er als Zweitgeborener keinen Anspruch auf den Kutter, der stets dem Ältesten zufiel. Wie bei den Bauern setzt auch bei uns der älteste Sohn die Familientradition fort, und als es so weit war, übernahm sein großer Bruder das Geschäft wie den Kutter. Mein Vater liebte das Meer jedoch nicht weniger leidenschaftlich als sein Bruder, und als ich acht wurde, fuhr er nach Emden und kam mit dem Rettungsboot eines ausgemusterten Fischloggers zurück, 6,50 Meter lang, durchaus seetüchtig und fabelhaft solide gearbeitet, nämlich nach Art der Wikingerschiffe in Klinkerbauweise. Mein Vater baute es zum Motorboot um, später machte er sogar einen Motorsegler daraus, und jetzt ging es, wenn das Wetter mitspielte, beinahe jedes Wochenende auf Wattenfahrt. Gemeinsam.

Damals gab es an der Küste noch keine Yachthäfen. Auch Privatyachten und Sportboote waren weitgehend unbekannt. Wir mussten unser Boot im Fischereihafen von Westeraccumersiel festmachen, direkt unterhalb des Schöpfwerks, denn die Liegeplätze am Kai waren den Fischkuttern vorbehalten. Aufs Boot gelangten wir nur über eine elendig lange Leiter – was das Vergnügen in keiner Weise schmälerte.

Einmal an Bord, war mein Vater in seinem Element. Und er kannte sich aus. Er machte mich mit den Tücken der Wattenfahrt vertraut, und als später die Landratten mit ihren edlen Schiffen bei uns auftauchten, hat er sich diesen Leuten oft als Führer angeboten und ist ihnen mit seinem Boot vorausgefahren.

Wer bei ablaufendem Wasser Grundberührung hat, muss verdammt schnell zusehen, dass er wegkommt. Das Wasser fällt so rasch, dass dir nur Minuten bleiben, um dein Boot wieder flottzumachen. Im Handumdrehen verwandelt sich Meer in Land. Ein Schiff von acht Metern Länge wiegt eine Tonne und mehr, und mit Rausspringen und Schieben erreicht man in den allermeisten Fällen nichts mehr.

Bei schlickigem Untergrund kannst du Glück haben. Wenn es aber knirscht, bist du auf Sandboden gelaufen, und dann stellt sich nur noch die Frage: Sitzt lediglich der Bug auf? Okay, in diesem Fall sind Ruderanlage und Schiffsschraube noch frei, dann kannst du dich vielleicht noch rausziehen. Wenn der Wind dich allerdings gegen die Untiefe drückt, legt sich dein Boot womöglich quer, und dann hast du verloren. In diesem Fall erwartet dich eine unfreiwillige Liegezeit von sechs Stunden. Nicht verwunderlich, dass sich die Freizeitkapitäne mit ihren teuren Yachten lieber meinem Vater anvertrauten, wenn es um Fahrten in fremde Gewässer oder das Durchfahren von Seegatten ging.

Niemand aber reichte in puncto nautisches Wissen und Wetterkunde an meinen Großvater heran. Dieser Mann hatte noch bis in die Vierzigerjahre mit einem Segelkutter gefischt, der war in einem Boot mit offenem Ruderhaus rausgefahren, ohne jede Technik, gerade mal mit einem Kompass an Bord. Der hatte alles im Kopf, was heutzutage digital ermittelt und abgelesen wird. Ein ungemein tüchtiger Seemann, der wie ein Seevogel intuitiv richtig agierte und reagierte, und natürlich ein harter Knochen. Ich sehe ihn noch vor mir mit seiner schwarzen Schiffermütze und seinem Stoppelbart – wenn er mich drückte, kratzte es, aber ich fand's trotzdem schön, weil's herzlich gemeint war.

Als er sich zur Ruhe setzte, übernahm mein Onkel, und auch dem machte keiner was vor, nicht in seiner Generation. Der fischte noch, wenn die meisten anderen längst im Hafen lagen. Der ist auch oft mit dem allerletzten Wasser zwischen den Inseln durchgefahren und hat dabei nicht selten mal kurz aufgesetzt. Ein Unerfahrener wäre vor Angst gestorben, aber er kommentierte das lakonisch mit dem Satz: »Heute reiten wir auf der Hacke durchs Seegatt.«

Etliche Male habe ich diesen Onkel auf seinen Fischzügen begleitet, immer in den Schulferien. Nach zwei Nächten an Bord war ich halb tot. Man fährt nachmittags raus, kommt am nächsten Morgen zurück, geht heim, verschläft den Vormittag und fährt am Nachmittag wieder raus. Wenn man das nicht gewohnt ist ... Und ich war ja nicht zum Zugucken an Bord, ich wollte mitarbeiten! Gut, ich werde nicht seekrank, und solange die Netze gezogen werden, liegt das Schiff einigermaßen ruhig, doch wenn die See von vorn kommt oder die Netze eingeholt werden, hältst du dich kaum noch auf den Beinen. Als wäre ein Fahrstuhl außer Kontrolle geraten, geht es ständig rauf und runter. Dann setzt du dich mit deinem Ölzeug in den Fischberg, fängst an zu sortieren, schlachtest zuweilen auch, und kaum bist du damit fertig, werden die Netze schon wieder eingeholt und die nächste Ladung prasselt an Deck.

Mit viel Glück hast du zwischendurch eine halbe Stunde Pause und gehst ins Ruderhaus. Das ist die reine Wonne. Dort drinnen ist es schön warm, das monotone Dröhnen des Motors lullt dich ein, dich überkommt eine angenehme Schläfrigkeit ... Doch schon wirst du aus deinem wohligen Dämmerzustand gerissen. Der Motor wird gedrosselt, die Winden springen an, die tropfenden Netze werden an Deck gebracht, und das Spiel geht von vorne los. Das wiederholt sich ein ums andere Mal, und am Ende bist du halb tot.

So fing es mit mir an. Es war eine Kindheit und Jugend zwischen Moor, Geest, Marsch, Watt und Meer, die höchsten Berge kamen auf fünfundzwanzig Meter und nannten sich Dünen, und dahinter lag das Reich der absoluten Freiheit: die See. Ich war überall zu Hause, solange es nur draußen war, in der Natur, unter freiem Himmel. Und wie mir jetzt einfällt, scheinen wir Ostfriesen zu diesem Draußen ganz allgemein eine spezielle Beziehung zu haben. Wir gehen nämlich nicht »nach draußen«, wir gehen »in buten«, ins Draußen, und das ist ein Unterschied, der sich gefühlsmäßig leichter erfassen lässt als mit dem Verstand. Für uns geht man in etwas hinein, wenn man hinausgeht – so wird die Natur zu einem Ort, der Geborgenheit bietet. Ich finde diese Sichtweise schön.

16
DURSTSTRECKE MIT LICHTBLICKEN

Mit sechzehn war Schluss. Schluss mit Fischen, Boot und Wattenfahrten. Bis dahin war die ostfriesische Welt für mich in jedem Stadium groß und verlockend gewesen. Die Küche im Haus der Eltern, in der ich herumkroch, das Haus der Eltern mit dem Gartengrundstück dahinter … Mein Dorf war für mich groß und die Landschaft ringsum verlockend gewesen. Jetzt erschien mir der ganze Kontinent, dieses Europa mit seinen vielen unterschiedlichen Ländern, genauso groß und verlockend. Die Welt war mit mir gewachsen, aber in einem Punkt blieb sie sich gleich: Sie wollte von mir entdeckt werden.

Die Welt – und die Mädchen. Inzwischen war ich von der Schule abgegangen. Jetzt galt es eine Neigung zu entdecken, die ich zu meinem Beruf machen könnte. In das Friseurgeschäft meiner Eltern einzutreten, um den Laden eines Tages zu übernehmen, kam jedenfalls nicht infrage.

Ich überlegte. Welcher Umstand ermöglicht überhaupt menschliches Leben in Ostfriesland? Es sind die Deiche und nicht nur in Küstennähe. Von den letzten Ausläufern der Nordsee bis zu meinem Heimatdorf sind es Luftlinie 16 Kilometer. Bei einer Sturmflut von 2,5 Metern über normal bekämen wir ohne Deiche schon nasse Füße. Als Einwohner von Berumerfehn könnte man sich dann in die letzten verbliebenen Hochmoorgebiete flüchten, die bis zu 12 Meter über NN liegen, aber weite Teile Ostfrieslands ständen unter Wasser; nur das Moor und die hohen Geestrücken würden herausragen. Über die Jahrhunderte hatte man sich hier daran gewöhnt, im Schutz der Deiche in Sicherheit zu leben, nicht anders als Menschen, die am Hang eines Vulkans siedeln, der seit Ewigkeiten nicht mehr ausgebrochen ist, aber bis zum heutigen Tag ist es so, dass ohne Deiche bei schweren Sturmfluten alles absaufen würde. Selbstverständlich ist diese Sicherheit also keineswegs.

Überlegungen dieser Art hatte ich angestellt, bevor ich meine Lehre als Bauzeichner beim Küstenschutz in Norden antrat, damals Bauamt für Küstenschutz, heute Niedersächsischer Landesbetrieb für Wasserwirtschaft, Küsten- und Naturschutz. Die Arbeit dieser Leute erschien mir ausgesprochen sinnvoll, zeichnen mochte ich ohnehin, und außerdem sind Behörden gewöhnlich verlässliche Einkommensquellen – also fing ich da an.

Was nach einem mäßig aufregenden Bürojob klingt, entpuppte sich schon bald als Glücksfall. Bis dahin nämlich hatte das Amt in Norden nicht ausgebildet, ich war der erste Lehrling, man schenkte mir daher alle Aufmerksamkeit der Welt, und eines Tages – ich war noch gar nicht lange da – stellte mir der Personalchef die harmlose Frage, ob ich schon mal auf Memmert gewesen sei. »Nein? Noch nie? Dann sollten Sie dahin. Das müssen Sie gesehen haben.«

Er hielt Wort und ließ umgehend Taten folgen. Zwei Tage später machten wir uns gemeinsam auf den Weg.

Nichts habe ich vergessen. Alles an diesem besonderen Tag war traumhaft. Es fing damit an, dass uns im Hafen von Norddeich die »Memmert« erwartete, ein Holzkutter von vielleicht 14 Metern Länge, ein altes Modell, schön geschnitten und zum Bereisungsschiff umgerüstet, daher mit einem großen Salon im ehemaligen Laderaum ausgestattet. Ich aber saß die Fahrt über hinterm Ruderhaus an Deck und genoss den Wind, das Meer, die ganze Reise. Auch das Wetter war herrlich.

Wir erreichten Memmert und gingen vor Anker, es gibt ja keinen Hafen. Nun wollte die Besatzung für ihre beiden Passagiere nicht eigens das Beiboot klarmachen; stattdessen verfiel man auf die Lösung, uns vom Matrosen huckepack durch das seichte Wasser zum Strand tragen zu lassen … Ich bekam Zustände. An Land tragen? Ich, das kleinste Licht der Behörde, sollte mich wie der weiße Sahib mit Tropenhelm huckepack an Land tragen lassen? Dass der Matrose mit dem leitenden Beamten auf dem Rücken durchs Wasser stapft, das war ja noch okay, das gehörte sich wohl so – aber doch nicht mit meiner Wenigkeit, dem Lehrling! Die Besatzung jedoch kannte kein Pardon, und so betrat ich den Boden von Memmert beim allerersten Mal wie eine hochgestellte Persönlichkeit des vergangenen Jahrhunderts auf dem Rücken eines Trägers.

Schopf nahm uns am Strand in Empfang. Ja, das ist der Name meines Vorgängers, jetzt fällt er endlich: Reiner Schopf. Er stand da, ein braun gebrannter Kerl in den besten Jahren, und lud uns, wie es Sitte ist, erst einmal zum Tee ins Haus des Inselvogts. Anschließend wurde die Insel in Augenschein genommen. Man schritt plaudernd über den westlichen Strand Richtung Südspitze, die beiden Herren vorweg, ich hinterher, und bald überkam mich eine regelrechte Ergriffenheit, denn, kein Zweifel – Memmert war die schönste aller Ostfriesischen Inseln! Ein ursprüngliches, wildes Idyll, ein zivilisationsfreies Paradies, ein einziger Traum.

Vor dem Leuchtturm blieben wir stehen. Damals gab es ihn ja noch, den Leuchtturm von Memmert, der eigentlich ein Richtfeuer gewesen war und von 1939 an auslaufende Schiffe davor bewahren sollte, mit Memmert zu kollidieren. Jetzt war er nur noch Ruine, aber was für eine! Ich war begeistert. Das Ding, schon lange außer Betrieb, hing quasi in der Luft. Der fünfzehn Meter hohe, viereckige Turm auf seinen vier Betonsäulen, ehemals das Fundament, hielt sich absolut senkrecht, aber die Betontreppe zum Eingang schwebte in knapp drei Metern Höhe und war nur über eine Leiter zu erreichen. Als wir dann nach einigen Mühen oben auf die Galerie traten, bot sich uns ein wunderschöner Blick über den Süden der Insel mit seinen Salzwiesen und seinem verzweigten Prielsystem. Mit der belebenden Seeluft sog ich gleichsam alles ein, was diese Insel so außergewöhnlich macht: die Weite, die Unberührtheit, die Einsamkeit und eine ursprüngliche, wilde Kraft. Auch das sogenannte Hausgestell auf seinen Eisenstelzen harrte noch im Watt aus, nur dass es seinerzeit längst nicht so weit draußen stand wie später, in meiner Zeit. Ich verließ die Insel an diesem Abend jedenfalls mit nie gesehenen Bildern von lebendiger, unversehrter, ungezähmter Natur im Kopf. Ganz erfüllt von diesen Eindrücken erklärte ich meinem Freund Erich hinterher: »Da möchte ich irgendwann arbeiten. Diese Insel ist was ganz Besonderes.«

Tja, aber das war's dann auch. Einstweilen und für viele Jahre. Nicht, dass der Büroalltag unerträglich gewesen wäre. Regelmäßig aber fiel eine Arbeit an, vor der sich jeder am liebsten gedrückt hätte: das Zeichnen von Geländeprofilen. Die Küstenlandschaft mitsamt den Inseln wurde nämlich alljährlich vermessen, um Inselbewegungen nachvollziehen und Gefahrenstellen ermitteln zu können, Dünenabbrüche zum Beispiel oder abgesackte Inseldeiche. Diese Messdaten mussten sodann von Zeichnern in Form von Schnittbildern auf Millimeterpapier übertragen werden, und diese Tätigkeit war der Horror jedes Bauzeichners, Monotonie hoch drei. Jedes Mal lagen die aktuellen Vermessungsdaten längst vor, aber keiner hatte Lust, tagelang Linien auf Millimeterpapier zu zeichnen, jeder erfand eine andere Ausrede, bis es dann irgendwann doch einen Unglücklichen traf. Und weil ich es genauso leid wie alle anderen war, entwickelte ich in den Achtzigerjahren mit den ersten Rechnern ein Computerprogramm dafür.

Ich fand alles Neue grundsätzlich interessant. Das war schon immer so gewesen, das hatte sich nicht geändert, also brachte ich mir jetzt die Computersprache bei und erlöste meine Kollegen und mich mit diesem Programm von unseren Qualen. Dann zeigte sich, dass den Computern die Zukunft gehörte, und in Anbetracht meiner fortgeschrittenen Kenntnisse hätte ich es beim Küstenschutz wohl bis zum EDV-Chef gebracht, wenn nicht zwei Dinge dazwischengekommen wären.

Zum einen glaubte ich damals schon zu erkennen, wohin die Digitalisierung führen würde – nämlich zur totalen Überwachung des Einzelnen –, und ich wollte auf keinen Fall an vorderster Front dabei sein. Zum anderen hatte ich das Gefühl, zusehends träger zu werden, und fürchtete um meine Vitalität.

Denn ein Tag war wie der andere. In der Frühe fuhr ich mit dem Auto nach Norden zum Amt, ging die Treppe hoch, setzte mich ins Büro, verbrachte den Arbeitstag am Schreibtisch, stieg abends ins Auto und saß daheim schon wieder herum, beim Abendessen oder vorm Fernseher. Im Winter war es am schlimmsten. Im Dunkeln ging es zur Arbeit, im Dunkeln ging es heim, und wer entschließt sich an einem vernieselten, düsteren Wintertag nach dem Abendbrot noch zu einem Spaziergang durch einen kahlen, kalten Wald? Ich tat es jedenfalls nicht und wurde träge, lustlos, teilnahmslos und muffelig, vor allem in den Morgenstunden.

Eines besonders grauen Novembertages beschloss ich, vom Auto aufs Fahrrad umzusteigen. Der Zeitpunkt war gut gewählt. Wenn du den Winter durchhältst, wird der Sommer ein Leichtes werden, sagte ich mir, und für die nächsten zwölf Jahre legte ich an jedem Arbeitstag dreißig Kilometer auf dem Fahrrad zurück, fünfzehn hin, fünfzehn zurück.

Nach den ersten zwei Wochen fühlte ich mich topfit. Bis dahin war ich wie ein Greis die Treppe im Amt hochgeschlurft, hatte mich oben in meinen Stuhl fallen lassen und mich schon vor der ersten Tasse Kaffee abgekämpft gefühlt – jetzt kam ich heiter und hellwach in Norden an, flog die Treppe hinauf, drei Stockwerke hoch, und empfand eine Leichtigkeit, die den ganzen Arbeitstag über anhielt. Wenn ich abends nach Hause kam, war ich ein anderer Mensch.

Der Autonarr Enno Janßen schaffte sogar seinen Wagen ab und leistete sich den Luxus, nur noch halbe Tage zu arbeiten. Ich kannte jeden Pflasterstein zwischen Berumerfehn und Norden, ich ließ mich von keiner Witterung abschrecken und übte mich jeden Abend, bevor ich den Wecker stellte, in der Kunst der Wettervorhersage, die ich in Seefahrertagen von meiner fischenden Verwandtschaft gelernt hatte. So hätte es bis zum Ende meiner Tage im Amt für Küstenschutz weitergehen können. Ging es aber nicht.

17
VON MENSCHEN UND MÄUSEN AUF MEMMERT

»Schopf verlässt die Insel!«
»Wie bitte?«
»Ja, Reiner Schopf, der Inselvogt. Er hört 2003 auf. In zwei Jahren hat er das Rentenalter erreicht.«

In zwei Jahren? Ein Zufall, dass ich so frühzeitig davon erfuhr. Gewöhnlich sickerten solche Informationen gar nicht bis zu mir durch. In meinem Fall wäre es das Übliche gewesen, zwei Tage vor seinem Abgang davon zu hören. Die Stelle des Inselvogts würde also in absehbarer Zeit frei …

Nun gut, Schopf wäre dann dreißig Jahre auf Memmert gewesen. Eine lange Zeit, die längste, auf die es ein Inselvogt bislang gebracht hatte. Bei seinem Abschied wäre er fünfundsechzig. Und ich? Ich wäre zweiundvierzig. Verheiratet und Vater eines dann zehnjährigen Sohns. Ich spürte eine leichte Nervosität. Eine zarte innere Aufregung. Schopf verlässt die Insel – der Gedanke ging mir nicht aus dem Kopf. Und dann war sie nicht mehr zu vertreiben, die Frage: Sollst du? Traust du dir das zu? Würde es dir gefallen, Schopfs Nachfolger zu werden?

Mit einem Mal schien mir nichts mehr dagegen zu

sprechen. Ich war in bester körperlicher Verfassung, ich war an Wind und Wetter in jeder Form gewöhnt, mein Verlangen nach freier Natur war nach wie vor ungestillt, und irgendwie war ich sowieso längst entschlossen. Natürlich meldete sich kurz der alte Zweifel. Kindskopf, raunte er – wirst du denn nie erwachsen?

Nein, werde ich nicht. Wenn Erwachsensein bedeutet, sich in seinem Gehäuse gemütlich eingerichtet zu haben, sich nicht mehr irritieren, nicht mehr verblüffen, nicht mehr überwältigen zu lassen, dann habe ich das Erwachsensein verpasst. Dann hätte ich wohl früher von meinem gewundenen, verträumten Landsträßchen auf die Autobahn abbiegen müssen, auf der es bis zum Horizont stur geradeaus geht und die Abfahrten immer seltener werden, während die innere Stimme murmelt: *Weiter so! Immer weiter so!*

Also natürlich wollte ich. Ich hatte mein Leben doch immer als Experiment betrachtet. Jetzt musste ich meine exzentrische Vorstellung von Lebensglück nur noch meiner Familie beibringen. Ohne deren Einverständnis würde ich in der Sache nichts unternehmen. Mit anderen Worten: Ich brauchte vier Ja-Stimmen. Nur eine Nein-Stimme – und ich würde verzichten.

Meine Eltern, die in der Nachbarschaft lebten, brauchten erst gar nicht überzeugt zu werden, die konnten meinen Wunsch leicht nachvollziehen. Mit meinem Sohn hatte ich von seiner Geburt an viel Zeit verbracht; er kannte mich, er verstand mich, auch er hatte nichts dagegen. Und meine Frau? Auch sie stimmte zu.

Aber Bedenken. Im ersten Moment wird sie geschluckt haben. Was sagt man dann? Dass man eine solche Chance nur einmal im Leben bekommt. Dass es sich um ein einzigartiges Geschenk handelt. Dass es die Tradition des

Inselvogts nirgendwo sonst in Deutschland mehr gibt und der Job daher einmalig ist. Und dann – es wäre ja kein Abschied für immer. Ich würde durchschnittlich alle zehn Tage für zwei volle Tage an Land sein. Außerdem könnte sie mich auf Memmert besuchen. Und im Übrigen hatte sie ihren Beruf, Lerntherapeutin, und damals auch noch ihr Café, würde also nicht einsam und verlassen zu Hause herumsitzen. Kurzum, es kam keine wirkliche Dramatik auf, und im Endeffekt bekam ich meinen Traum von allen genehmigt.

Ich bewarb mich. Absurderweise wurde von mir verlangt, mich in der eigenen Behörde förmlich vorzustellen und meine Beweggründe darzulegen. Schön, bringt man die Sache eben hinter sich – und wird für seine Selbstbeherrschung auch belohnt, denn anschließend war alles klar: Ich hatte das große Los gezogen, ich sollte der nächste Inselvogt werden! Im November 2002 würde ich mit meiner Frau Brigitte probeweise für eine Woche nach Memmert fahren, um mal die Witterung der Insel aufzunehmen.

»Setz dich für eine Woche diesen Verhältnissen aus, und dann sehen wir weiter«, hatte es geheißen. Zu diesem Zeitpunkt gingen nämlich noch alle Beteiligten davon aus, dass ich wie mein Vorgänger ganzjährig, die vollen zwölf Monate durch, auf Memmert bleiben würde. Jetzt sollte ich mir also ein Bild von der dort herrschenden Trostlosigkeit machen. Wer den November erträgt, für den werden die anderen Jahreszeiten ein Kinderspiel sein – das war der Hintergedanke, und so wurden wir bei miesestem Wetter für sieben Tage auf die Insel verfrachtet.

Schopf und seine Lebensgefährtin Barbara hatten gerade zwei Wochen Ferien hinter sich und befanden sich mit auf dem Schiff, das uns nach Memmert brachte. Er lebte also nicht allein auf der Insel, ja, die Behörde hatte ihn vor seinem Dienstantritt sogar regelrecht gezwungen, zu heiraten, damit jederzeit eine zweite Person zur Stelle wäre, falls es auf der einsamen Insel, von der Außenwelt abgeschnitten, zu einem Unfall, einer Notsituation kommen sollte. Später hatten seine Frau und er sich getrennt, doch nach fünfzehn Jahren des Alleinseins hatte er Barbara kennengelernt, eine patente Hamburgerin, die erstaunlicherweise bereit war, sein Inselleben mit ihm zu teilen. Meine Situation würde eine andere sein. Ich wäre auf Memmert tatsächlich allein, jedenfalls überwiegend allein.

Im Haus des Inselvogts angekommen, verabredeten wir uns auf eine Tasse Tee, sobald wir unsere Sachen unten in der Gästewohnung abgestellt hätten. Zwar stammte der bisherige Inselvogt aus dem Sudetenland, aber er hatte die Sitte des Teetrinkens übernommen, er war im Laufe der Zeit wohl doch zu einem halben Ostfriesen geworden.

Als wir die Tür zu seiner Wohnung im ersten Stock aufstießen, erblickten wir ein unfassbares Tohuwabohu: Lebensmittel am Boden verstreut, Topfpflanzen zerrupft, Dreck in allen Zimmern, dazwischen ein wütender Reiner Schopf und eine entnervte Barbara. Was war los? Die Mäuse hatten sich durchgefressen. Eine unüberschaubare Masse von Mäusen jagte durch die Bude. Nun ist das Haus des Inselvogts selbstverständlich der einzige Ort auf Memmert, der für Mäuse tabu ist, gleichzeitig aber für die Nager extrem verlockend, weil es die einzige Zuflucht vor dem scheußlichen Novemberwetter bietet. Hier lässt sich also prima überwintern, und so hatten die Mäuse die Innenwände durchgenagt und sich durch alle

Vorräte im offenen Küchenschrank gefressen, die Pflanzen abgebissen, die Betten beschmutzt und überall ihre Köttel und Urinflecken hinterlassen – das sah aus! Innerhalb von fünf Minuten fing Schopf dreißig Mäuse – mit der Hand!

Wir standen da mit offenem Mund. Und alles vor dem Hintergrund, dass ich den Laden übernehmen sollte! Ich bekam einen gelinden Schrecken. Schopf konnte natürlich nichts dafür. Gleichwohl meldeten wir uns ab, machten einen längeren Spaziergang und kamen erst gegen Abend zurück. Inzwischen hatten sich die Gemüter etwas beruhigt, aber die schiere Menge von Mäusen hatte mich doch verblüfft.

Letzten Endes aber waren mir die Mäuse vollkommen egal. Nichts hätte meine Entschlossenheit ins Wanken bringen können. Der November war tatsächlich grau und ungemütlich, aber auch das hat mich nicht umgehauen, im Gegenteil: Ich entdeckte nämlich, dass die Insel der Dunkelheit des Himmels ihre eigene Helligkeit entgegensetzte. Eine Art Widerschein lag über Memmert, und bei Vollmond schimmerte sie mit ihrem Überzug aus abgestorbener Vegetation silbern. Es gibt im Winter schlimmere Orte.

Dennoch erließ man mir im letzten Moment die Wintermonate. Warum? Ich habe es nie so genau erfahren. Ich vermute, dass man mich schonen wollte. Wahrscheinlich sorgte man sich um meinen Geisteszustand und wollte verhindern, dass ich – so allein, wie ich dann wäre – schwermütig, spökenkiekerisch und kauzig, am Ende womöglich eigensinnig und bockig würde. Dass ich, mit einem Wort, der Zivilisation gänzlich abhandenkommen würde.

Wahr ist aber auch, dass der Winter auf Memmert tote Zeit ist. Die Rastvögel sind auf und davon, auch die Brutvögel haben sich verzogen, allenfalls harren noch eine Schleiereule, ein Bussard und die eine oder andere Möwe aus, aber das wäre an Vogelwelt schon alles. Auch die Sportschifffahrt ist zum Erliegen gekommen, und keiner käme mehr auf die Idee, am Strand zu zelten; einzig die Fischkutter sind noch unterwegs. Was soll man dann hier? Haus und Hof bewachen? Nicht einmal das ist auf Memmert wirklich nötig.

Jedes Jahr Anfang März mache ich mich mit meinem Boot auf den Weg durchs Wattenmeer nach Memmert.

Memmert hat keinen Hafen, das letzte Stück bis zur Insel wird gewatet.

Der Transport der Sachen von und zum Boot erfolgt ganz pragmatisch per Schubkarre.

Memmert im Abendlicht. Am Horizont liegt das Wohnhaus des Inselvogts nebst Schuppen. Links dahinter befindet sich das »Erlenwäldchen«.

Reetgedeckt und allemal komfortabler als Robinson Crusoes Hütte.

Auf Memmert wird allerlei Strandgut angeschwemmt: Mit diesen Rettungsringen habe ich die Pfosten meiner Wäscheleine verziert.

Diese Fischkisten wurden auf Memmert angespült.

Manchmal finde ich auch Brauchbares im Spülsaum: Diese Gummihandschuhe dienen nun auf Memmert als Wegmarkierung im hohen Gras.

Meine Insel hat landschaftlich einiges zu bieten. Im Hintergrund: Mount Memmert.

Eine Insel ohne Infrastruktur kennt natürlich auch keine Brücken. Macht aber nichts.

Die Kormorankolonie: Aus Baumbrütern sind auf Memmert Bodenbrüter geworden. Na ja, beinahe ...

Sie werden im Laufe der Zeit noch schöner: Kormoranküken im Nest.

Bei Löfflerküken ist vom Löffelschnabel noch nichts zu sehen.

Die Möwen sind das dominierende Element auf Memmert – auch in der Luft.

Das Fernglas gehört für einen Vogelwart zur Grundausstattung.

Die Kachelotplate zieht mich magisch an. Als ich 2003 meinen Dienst auf Memmert antrat, bot sie noch das Bild einer wüstenähnlichen Landschaft.

Seehunde am Steilufer von Kachelot.

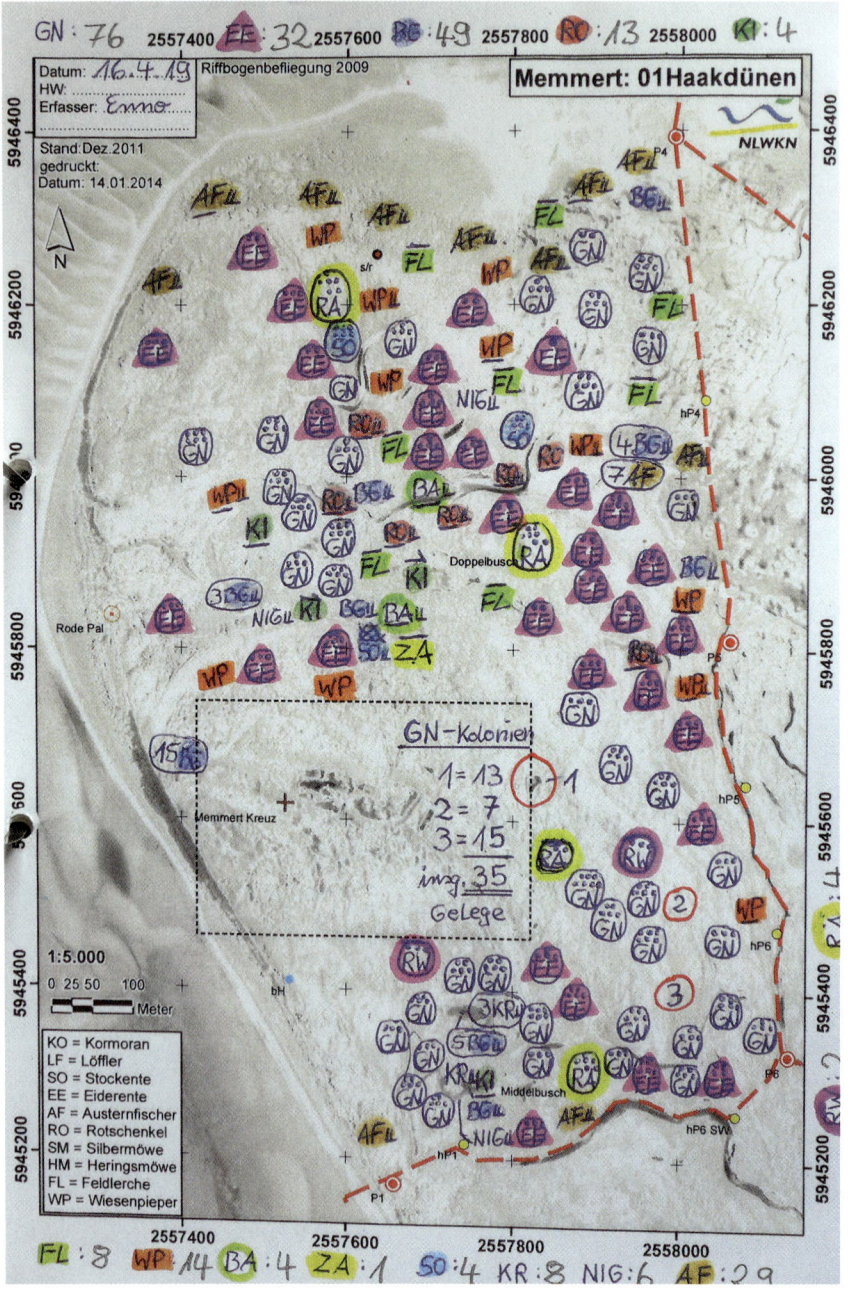

Auf einer solchen Karte verzeichne ich den Vogelbestand in einem von sieben Teilbereichen der Insel. »GN« steht hier für ein Graugansgelege, das violette Dreieck für ein Eiderentengelege.

18
KLAVIERKONZERT AUF EINER VOGELINSEL

Am 4. April 2003 betrat ich Memmert zum ersten Mal als Inselvogt. Ich hatte meinen Sohn Eldo dabei, er sollte die ersten Tage meines neuen Lebens mitbekommen. Schopf war vor dem Haus zugange. Er und ich nahmen uns jeweils eine Schubkarre, schafften meine Erstausstattung – Lebensmittel und Bettzeug – in zwei Fuhren vom Südstrand zum Haus, und ich bezog mit Eldo die Gästewohnung im Untergeschoss.

Vorübergehend hatte Memmert jetzt zwei Inselvögte, denn Schopf war ein weiteres halbes Jahr gewährt worden zwecks Einarbeitung seines Nachfolgers. Er war heilfroh über diesen Aufschub, denn der Abschied von Memmert fiel ihm schwer; vermutlich wäre er am liebsten bis zu seinem Lebensende auf dieser Insel geblieben, für die er sich regelrecht aufgeopfert hatte.

Auch wenn ich ein konzilianterer Charakter war als er – ich verstand ihn. Er hatte das Juwel Memmert gehütet wie der Drache den Schatz. Er hatte mit bewundernswerter Zähigkeit alles darangesetzt, jede Störung von den Vögeln fernzuhalten. Er hatte Memmert überhaupt erst zu diesem weltabgeschiedenen Ort gemacht, und ohne

Übertreibung lässt sich sagen: Jeder Quadratmeter Boden dieser Insel war ihm heilig.

Im Übrigen kannte er nach dreißig Jahren kein anderes Leben mehr. Es war ein Leben zu zweit gewesen, jedenfalls in den vergangenen fünfzehn Jahren. Ich lernte Barbara jetzt kennen und war beeindruckt von ihrer unverwüstlichen guten Laune, ihrer unaufgeregten praktischen Art, ihrer Anpassungsfähigkeit an recht primitive Lebensbedingungen, die nicht einmal das Grundbedürfnis nach einem geselligen Dasein befriedigten.

In diesem Punkt allerdings gönnte sich die ehemalige Großstädterin – Barbara kam, wie gesagt, aus Hamburg – gelegentlich eine Auszeit und wurde von Rainer mit seiner Nussschale zur Juister Bill rübergefahren. Dort gab es Menschen, dort gab es etwas für sie zu tun. Ursprünglich eine staatliche Domäne, ein Bauernhof des Landes Niedersachsen fernab vom Dorf an der Westspitze der Insel, war die Bill inzwischen in eine Restauration umgewandelt worden, berühmt für ihren Korinthenstuten. Für Badegäste wie Insulaner ist die Bill bis heute ein beliebtes Ausflugsziel, und dort arbeitete Barbara immer wieder mal, im Lokal oder als Babysitterin für die Pächterfamilie. Mehr an Abwechslung brauchte sie offenbar nicht.

Schopf selbst übertraf sie allerdings an Anspruchslosigkeit. Jederzeit darauf bedacht, sich so unauffällig wie möglich zu bewegen – auf der Insel selbst, aber auch auf dem Wasser –, begnügte er sich mit einer Nussschale von Boot. Auch mein Schiffchen, die »Cachelot 2«, ist nicht eben groß, gut fünf Meter lang, aber es hat einen starken Motor, es ist schnell, und für die Fahrt zum Festland brauche ich bei gutem Wetter kaum mehr als eine halbe Stunde. Schopfs Kahn war ein wenig vertrauenerweckendes Ruderboot, ganze 3,30 Meter lang, ausgestattet mit einem winzigen Motörchen. Mit etwas Glück schaffte er damit gerade die kurze Strecke bis zur Bill. Ich habe ihn einmal begleitet, bei Windstärke 5, und muss sagen: Das war nichts für zarte Gemüter. Sein Kahn hatte natürlich keine Lenzanlage, man musste selber schöpfen, und jede zweite Welle schwappte ins Boot.

In der Anfangszeit, den Zwanziger-, Dreißiger- und Vierzigerjahren, ging es auf Memmert anders zu. Kein Inselvogt hatte es bis dahin für nötig gehalten, sich von der Außenwelt abzuschotten. Man staunt heute nicht schlecht, wenn man liest, was damals auf Memmert los war.

Natürlich fing es ganz klein an, und zwar mit einer Schutzhütte, die 1907 für den ersten Vogelwärter auf Memmert aufgestellt wurde. Dieser Vogelwärter war selbstredend ein Mann von Juist, denn von dort waren die ersten Bestrebungen ausgegangen, Memmert zu einem sicheren Zufluchtsort für Vögel zu machen.

Die treibende Kraft dahinter war der Juister Dorfschullehrer Otto Leege gewesen. 1888 hatte er Memmert zum ersten Mal betreten, war der Faszination dieser Insel erlegen, hatte entsprechend entsetzt auf die Gemetzel unter der dortigen Vogelwelt reagiert und sich daraufhin eine kühne Idee in den Kopf gesetzt: Memmert sollte den exklusiven Status einer Vogelfreistätte erhalten; zumindest dem Eiersammeln und Vögelabschießen sollte ein Ende gesetzt werden. Dank bester Beziehungen zu höchsten Stellen im Deutschen Reich erreichte der umtriebige Lehrer dieses Ziel im Jahr 1906, und ein Jahr später bezog jener erste Juister Vogelwart seinen Posten auf Memmert, vor Wind und Wetter einigermaßen durch eine Holzhütte geschützt.

Inselvogt durfte sich dieser Mann noch nicht nennen. Aber 1921 war es so weit. Ein Sohn von Leege, ebenfalls Otto genannt, zog mit seiner Frau Therese (die aus Wuppertal stammte) auf die Insel und machte Memmert zu seinem festen Wohnsitz. Das erste regelrechte Haus wurde errichtet, drei Kinder kamen zur Welt, auch gesellschaftliche Pflichten mussten wahrgenommen werden. 1924 erhielt Otto Leege junior die offizielle Ernennung zum ersten Inselvogt, und in dieser Funktion empfing er auf Memmert regelmäßig Besucher: Neugierige aus ganz Europa, auch gekrönte Häupter, selbst der Zar von Bulgarien trug sich ins Besucherbuch des Inselvogts ein – fast gewinnt man den Eindruck, Memmert sei damals unter Reisenden der besseren Kreise als Geheimtipp gehandelt worden. Jedenfalls betrieb der erste Inselvogt Außenpolitik in ganz anderem Stil als ich, und das war auch wichtig und richtig so, denn an prominenten Unterstützern konnte es nicht genug geben – noch war Memmert ja keineswegs sakrosankt.

1939 erhielt Memmert einen Leuchtturm, der mit seinen 15 Metern die ganze Insel überragte, und nun oblag es dem Inselvogt, hin und wieder Scheiben zu putzen und mal die Birne zu wechseln. Dann kam der Zweite Weltkrieg. Wie es der Familie Leege in diesen Jahren erging, ist nicht bekannt, aber sicher ist, dass sie sich Memmert nun mit einem kleinen Trupp Soldaten teilte, dass es eine Baracke und eine Scheinwerferbatterie hier gab. Vermutlich war dies eine verlustreiche Zeit für Vögel und Kaninchen.

1946 starb Otto Leege junior, und für die nächsten zehn Jahre hatten wir hier eine Inselvögtin, nämlich seine Witwe Therese. Eine ihrer Töchter, Klara, genannt Klärchen, war auch als Erwachsene bei ihrer Mutter auf

Memmert geblieben, und 1956 zog das frischverheiratete Klärchen Leege mit ihrem Mann Gerhardt Pundt in das neue Wohnhaus des Inselvogts ein – zwei Häuser hatte sich die See bereits geholt, dieses war das dritte, und auch dessen Schicksal ist bekannt: Es endete als »Hausgestell« im Wattenmeer und wurde 2018 abgerissen. Bis zuletzt hatten die Kormorane dort gesessen und ihre Flügel getrocknet.

Die beiden Pundts jedenfalls machten aus Memmert vorübergehend einen Ort munteren Kulturlebens. Nicht nur, dass sowohl er als auch sie Lehramt studiert hatten und ihre vier Kinder selbst unterrichteten, Gerhardt Pundt war auch Musikliebhaber, er spielte leidenschaftlich gern Klavier, ließ sich ein Instrument sogar auf die Insel kommen – es muss in der verlassenen Baracke der Wehrmachtssoldaten gestanden haben –, und obendrein lud er Musiker vom Festland ein, mit anderen Worten: Bis 1973 fanden auf Memmert Konzerte und Musikabende statt! Nach allem, was man weiß, wurden dazu auch gelegentlich Juister Bürger eingeladen; Naturschutz und Kulturpflege schlossen einander für die Pundts also nicht aus. Wenn man dann noch bedenkt, dass Klärchen einen Garten neben dem Haus und Gerhardt ein Pferd hatte, ja, dass zeitweilig sogar ein VW Käfer auf der Insel gesichtet wurde ...

Nun, da zogen mit dem vierten Inselvogt, mit Reiner Schopf, natürlich andere Sitten ein. Als er den Posten übernahm, war mit dem geselligen Leben jedenfalls Schluss. Zudem hatte sich der Schutzstatus der Insel in seiner Zeit mehrfach erhöht. Und Memmert gehörte fortan den Vögeln. In meiner Zeit blieb es dabei, und wenn hier doch mal Party war, dann als Ein-Mann-Veranstaltung einzig zu meinem privaten Vergnügen, um einen besonderen Glücksmoment zu feiern. So wie damals, nach meiner ersten Besucherführung in meinem allerersten Jahr, im August 2003 ...

Schopf und Barbara hatten die Insel soeben für immer verlassen. Jetzt war ich mit Memmert allein, und das Einzige, was ich mir nicht zutraute, waren die Führungen, die jetzt allerdings kurz bevorstanden. Frei vor Publikum sprechen? Unmöglich. Als ich noch Musik machte, war ich heilfroh, der Schlagzeuger zu sein, da konnte ich mich hinter meinen Becken und Toms verkriechen. Als Gitarrist und Frontmann wäre ich gestorben. Ja, in dieser Hinsicht war ich extrem schüchtern, und jetzt bekam ich beinahe Schüttelkrämpfe vor Lampenfieber.

Der Tag kam. Die Leute gingen von Bord, ich erwartete sie am Strand, ich half ihnen das kurze Stück durchs Wasser. Am Nordstrand hatte ich ein großes Fernrohr aufgestellt, ein sogenanntes Spektiv, weil ich mit den Seehunden und Kegelrobben auf Kachelot anfangen wollte, so waren die Leute beschäftigt und starrten mich nicht pausenlos an. Was soll ich sagen? Ich hörte mir selbst beim Reden zu, ich fand's überhaupt nicht schlecht, und als wäre ein Schalter umgelegt worden, schlug das Lampenfieber in eine klammheimliche Freude am eigenen unaufhaltsamen Redefluss um. Die Leute hingen an meinen Lippen, sie ließen sich mitreißen, und das bedeutete: Nach menschlichem Ermessen war ein Wunder geschehen.

Als zwei Stunden später alle wieder an Bord gingen, war ich im Siebten Himmel. Nach Hause stürzen, die Musikanlage voll aufdrehen, eine Flasche Wein entkorken, das war alles eins, und dann wurde auf der Terrasse getanzt. Hätte mich jemand gesehen, er hätte geglaubt, den Inselvogt habe es erwischt, er sei durchgeknallt. Meine Terrasse ist erfreulich groß, sie lässt den

Freudenausbruch eines sportlichen Menschen ohne Weiteres zu, und ich trällerte und sprang noch eine ganze Weile herum. Von diesem Erfolg ging eine beflügelnde Energie aus, und in Zukunft sah ich den Besuchertagen nicht mehr mit Unbehagen entgegen.

Aber um ehrlich zu sein: Ich hatte vorher ein wenig trainiert ... Einige Monate zuvor, im Mai nämlich, hatte sich ein dreiköpfiges Filmteam des NDR angekündigt. Oh, da hätten Sie Schopf erleben sollen. Dreharbeiten auf Memmert? Mitten in der Brutzeit? Eine Unverfrorenheit! *Er* hatte die Genehmigung dafür jedenfalls nicht erteilt.

Seither war Schopf fürchterlicher Laune, und ich konnte wenig ausrichten, für mich war immer noch er der Inselvogt. Doppelt wütend reagierte er auf die Nachricht, bei diesem Film gehe es nicht einmal um die Tierwelt, sondern um Klara Pundt, die als Klara Leege auf Memmert geboren war, eine Familienstory also, das Ganze. Nach dem Titel der Sendung »Bilderbuchdeutschland« zu schließen, vermutlich verpackt in eine Heile-Welt-Geschichte ...

Bevor das Filmteam wie angekündigt eintraf, war Schopf plötzlich weg. Von der Bildfläche verschwunden. In seinem Kahn nach Juist geflüchtet, wo er den ganzen Tag über blieb. Ich war ihm nicht böse – Kompromisse ging er nun mal nicht ein. Aber jetzt war ich der Inselvogt. Ich fühlte mich noch gar nicht so, würde den Inselvogt also spielen müssen, aber siehe da: Es lief besser als erwartet, wir brauchten meinen Auftritt vor der Kamera nicht einmal zu wiederholen. Also alles halb so wild. Für mich endete dieser Tag mit dem beruhigenden Gefühl, die Feuerprobe bestanden zu haben.

Ansonsten erlebte ich, wie gesagt, in diesem ersten Jahr

den schönsten Sommer aller Zeiten. Memmert präsentierte sich mir als nahe Verwandte der Bahamas. Jeden Morgen war die Sonne pünktlich zur Stelle, jeden Tag verwandelte sie die Nordsee in die Karibik, jede Stunde war von Lebenslust und Leichtigkeit erfüllt, alles war für mich neu, und auch ich selbst fühlte mich wie neugeboren ... Das Wasser war tatsächlich blaugrün, und an den seichten Stellen schimmerte der sonnenlichtgetränkte Sand durch – es war traumhaft.

Schade, dass sie ein Jahr zuvor den Leuchtturm abgerissen hatten. Schade deshalb, weil beide, Leuchtturm wie Hausgestell, mit der Geschichte dieser Insel eng verwoben waren und die zwei kuriosen Ruinen längst zu Sinnbildern der Vergänglichkeit geworden waren in einer Welt, die sich bedingungslos dem freien Spiel elementarer Kräfte überließ. Leuchtturm und Hausgestell erzählten also, solange sie standen, die Entwicklungsgeschichte von Memmert. Dass die Brauchwasserversorgung dann für sieben Wochen ausfiel, störte mich hingegen wenig.

Die entscheidende Erfahrung machte ich, nachdem Schopf und Barbara am 5. August Memmert endgültig den Rücken gekehrt hatten. Jetzt war ich erstmals allein und stellte fest, dass ich die Einsamkeit auf Memmert nicht bloß ertrug – sie war ganz nach meinem Geschmack! Ich hatte geahnt, dass ich gut allein sein könnte, und wirklich: Niemals, zu keiner Zeit in den vergangenen siebzehn Jahren, habe ich in dieser Hinsicht eine böse Überraschung erlebt. Stets empfand ich die Einsamkeit als kostbares Geschenk.

19
DIE ALLERHEILIGENFLUT

Es war mein viertes Jahr auf der Insel. Seit der letzten Septemberwoche waren wir zu zweit gewesen, weil am Haus dies und jenes repariert werden musste, und solche Arbeiten führte gewöhnlich Helmut Rosenberg aus, der Allround-Handwerker meiner Behörde. Jetzt war alles so weit fertig. Am 2. November sollten wir von unserem Landungsschiff abgeholt und ans Festland gebracht werden, deshalb liefen wir am Tag zuvor durchs Haus, trugen Geräte und Material für den Abtransport zusammen und räumten auf – mir standen ja nun die Wintermonate auf dem Festland bevor.

Nachmittags gegen drei Uhr fällt uns auf, dass der Wind ordentlich zulegt. Auch das Licht hat abgenommen, es ist etwas zu dunkel für die Tageszeit, aber nicht bedrohlich schwarz. Eine Weile schauen wir uns das Treiben draußen vom Fenster aus an, schalten dann die Lampen ein und gehen zurück an die Arbeit – na ja, es weht recht kräftig, aber nicht besorgniserregend. Windstärke 8, in Böen 9 – so was kommt vor.

Zwei Stunden später spuckt mein Faxgerät eine Meldung unseres Sturmflutwarndienstes aus. Auf diese

Leute kann man sich gewöhnlich verlassen, auch weil sie auf die Daten der Holländer zurückgreifen können – die Niederlande sind ja bei einer Sturmflut stets als Erste dran, sodass wir in der Deutschen Bucht eine gewisse Vorlaufzeit haben. Und jetzt erfahre ich, dass eine mittlere Sturmflut im Anmarsch ist: Windstärke 9 ist angesagt. Also kein Grund zur Aufregung. Auch Stärke 9 kann einen Seemann nicht erschüttern.

Nun habe ich hier meinen eigenen Windmesser, nämlich den Blitzableiter am Haus. Ab Windstärke 5 lässt er ein Sirren vernehmen, das sich bis zu einem schrillen Kreischen steigern kann, und gegen Abend produziert er schon einen beängstigend kreischenden Dauerton; draußen ist es mittlerweile schwarz. Da man sich nicht mehr im Freien aufhalten kann, machen wir es uns in meinem kleinen Wohnzimmer mit Panoramablick auf die Insel, die Küste und den Himmel gemütlich; zu sehen ist von alledem jedoch nichts mehr. Gegen 19 Uhr 30 kommen die Böen bereits auf Windstärke 11, und dann geht die Post ab. Um Mitternacht dürfte der Sturm eine Stärke von 14 erreicht haben, auch wenn die Skala natürlich bei 12 endet; 140 bis 150 km/h hat dieser Orkan jetzt jedenfalls drauf, das bestätigt mir auch mein Blitzableiter: Man fühlt sich an den Soundtrack eines Horrorfilms erinnert.

Ich bin einigermaßen irritiert. Was haben die geschrieben, Windstärke 9? Angekündigt war ein kleines, kompaktes Tief … Und jetzt vibriert das Haus. Man spürt, wie es arbeitet, wie es in seinen Grundfesten erzittert, und man staunt, dass es noch hält, dass der Sturm noch kein Loch ins Dach gerissen und das Gebälk aus den Angeln gehoben hat. Nun, als alte Hasen bleiben wir gelassen. Aber irgendwann sind wir des Wartens und Staunens müde, und zermürbt vom ununterbrochenen Heulen des Sturms wie vom Kreischen des Blitzableiters verziehen wir uns nach einem letzten Schluck Bier in die Betten. Bis dahin haben wir im Wohnzimmer beisammengesessen, auch mit dem Hintergedanken, nötigenfalls einzugreifen, obwohl man selbstverständlich im Ernstfall völlig machtlos wäre – vor die Tür könnte man sowieso nicht gehen, man würde auch gar nichts sehen. Dort draußen ist es einfach pechschwarz, brüllend laut und sehr, sehr windig.

Dabei ist das eigentliche Hochwasser noch gar nicht gekommen. Der Höhepunkt der Flut ist erst gegen 7 Uhr 30 morgens fällig ... Ich schlafe bald ein; es ist ohnehin nichts zu machen. Selbst wenn das Dach aufreißen und die Hütte wegfliegen sollte, könnte das keiner von uns verhindern. Folglich schlafe ich noch selig, als Helmut Rosenberg am nächsten Morgen gegen 7 Uhr in mein Zimmer stürmt.

»Moin, Enno! Schau dir das mal an!«

Hell ist es noch nicht, aber es dämmert, und erste Konturen zeichnen sich im fahlen Morgenlicht schon ab. Eine halbe Stunde später wird aus der bösen Ahnung Gewissheit: Alles steht unter Wasser. Man könnte mit einem Fischkutter quer über die Insel fahren. Nur der innere Bereich direkt ums Haus ist trocken geblieben, der Rest ist eine einzige metallisch schimmernde Wasserfläche, aus der hier und da eine ramponierte Dünenkuppe herausragt. Mit anderen Worten: Die Insel ist weg! Im Westen und Süden haben immerhin die höheren Randdünen überlebt; sie wirken wie ein Archipel aus winzigen Inselchen in einem stahlgrauen, schaumigen Ozean.

Dergleichen hatte ich noch nie gesehen. Umso dankbarer war ich, diesmal dabei zu sein. Egal wie verheerend – Naturgewalten sind immer faszinierend, und außer der Sorge, auf Memmert nie einen Adler zu Gesicht zu bekommen, hatte ich auch befürchtet, keine große Sturmflut zu erleben. Das Resultat musste jetzt unbedingt im Bild festgehalten werden!

Blauäugig, wie ich war, griff ich mir meinen Fotoapparat, stieß die Tür auf und wollte die Kamera ansetzen, um die überschwemmten Täler und Flächen zu fotografieren, aber da hatte ich mich verrechnet. Die Luft bestand aus Sand und Salz. Kein Gedanke daran, die Augen zu öffnen, auch den Atem verschlug es mir, und als ich mit offenem Mund nach Luft schnappte, hatte ich im gleichen Moment dieses Sand-und-Salz-Gemisch auch zwischen den Zähnen und auf der Zunge. Ein Glück, dass auf Memmert wenigstens keine Gefahr von herumfliegenden Teilen ausging, obwohl … Angespülte Schrottteile vom Strand wie halb gefüllte Kanister hätten durchaus herumwirbeln können. Fotos zu schießen war jedenfalls unmöglich, und ich zog mich schleunigst ins Haus zurück.

In den nächsten Stunden beruhigte sich der Orkan. Im Lauf des Tages lief das Wasser bis auf größere Lachen in den Dünentälern ab, und am Abend dieses 1. November zogen wir Bilanz: Helmut und ich waren wohlauf. Auch das reetgedeckte Dach hatte gehalten – Dachziegel wären weggeflogen, aber Reet ist strapazierfähig und elastisch. Allerdings war der ganze westliche Dünenriegel so schwer mitgenommen, dass ich vom Inselinneren aus Borkum sehen konnte. Und wo war überhaupt mein Boot?

Nirgends zu sehen. Allerdings war der Strand weiterhin überspült, weil das Niedrigwasser an diesem Tag dem üblichen Hochwasserstand entsprach. Einen Tag später aber näherte sich das Landungsschiff der Stelle, an der mein Boot sonst lag, und dann klingelte das Telefon. »Enno, dein Boot ist wieder da.« Es war der Kapitän des Landungsschiffs. »Mein Boot?« – »Jo, Mann, das liegt hier am Muring.«

Ja, da lag es, aber es war kein schöner Anblick. Kopfüber und eingesandet lag es im Watt, weil das Tau gehalten hatte und auch der Schraubpfahl, der im Watt verankert war. Nach vierundzwanzig Stunden im Salzwasser konnte man die Maschine allerdings vergessen, und auch der Steuerstand war ausgebrochen. Da blieb nur eins: Den unbeschädigten Rumpf mit der großen Schaufel des Traktors anheben und an Deck absetzen. Solch einen Traktor hat das Landungsschiff zum Glück immer dabei für den Fall, dass man sich einen Weg durch Sandverwehungen am Dünenübergang bahnen muss.

Das war sie also, die Allerheiligenflut von 2006. Es ist eine alte Sitte, schwere Sturmfluten nach dem Kirchen- bzw. Heiligenkalender zu benennen – an der Küste ist beispielsweise noch die Heiligabendflut von 1717 in Erinnerung –, und mit drei Metern über normal war dies eine besonders schwere Sturmflut gewesen. Fluten dieses Kalibers habe ich seither auch nicht mehr erlebt, aber schon eine reicht, um eine vage Ahnung davon zu bekommen, welche Kräfte da draußen gleich vor der eigenen Haustür schlummern.

Im Prinzip ist die Nordsee nämlich ein einziger Riesenwirbel, der durch die Rotation der Erde entsteht. Im Westen von England und Schottland eingefasst, im Süden von der niederländischen und deutschen Küste, im Osten von Dänemark und Norwegen, ist sie wie ein Bassin geformt, in dem die Wassermassen beständig gegen den Uhrzeigersinn um einen Pol kreisen. Die Flutwelle bewegt sich also stets von West nach Ost, und kommt nun ein kräftiger Nordwestwind hinzu, schiebt er erhebliche Wassermengen vor sich her und auf uns zu. Nicht, dass gleich der ganze Atlantik angerückt käme – der wird vom Ärmelkanal verlässlich zurückgehalten –, aber alles Wasser östlich von Großbritannien drückt herein, sodass selbst ein ungewöhnlich flaches Meer wie die Nordsee durch Stürme ordentlich in Bewegung versetzt werden kann.

Vor Monsterwellen – oder Kawentsmännern, wie man sie auch nennt – ist Memmert allerdings sicher, die hat man nur auf den Ozeanen zu gewärtigen, es sei denn … Nun, ich weiß nicht, was passieren würde, sollte es zu einer Hangrutschung größeren Ausmaßes an der Steilküste Norwegens kommen. Natürlich müsste sich sehr viel Gestein schlagartig lösen und ins Meer donnern, aber in diesem Fall würde vermutlich eine enorme Welle in die Nordsee hineinschwappen, von der felsigen Küste Schottlands zurückgeworfen werden und an unserer Küste zu einer Flutwelle führen, die sich in der Deutschen Bucht regelrecht auftürmen würde – mit unabsehbaren Folgen für Memmert, allen anderen Inseln und auch das Festland. Wie realistisch dieses Katastrophenszenario ist? Keine Ahnung. Ich könnte mir auch denken, dass die Norweger ihre Küste sehr genau im Auge behalten. In Filmen aber ist dieser Katastrophenfall immerhin bereits durchgespielt worden.

Was mich betrifft, ich habe andere, kleinere Sorgen. Gelegentlich frage ich mich nämlich schon, ob ich mich in meinem Boot noch hinaustrauen soll. Bei Windstärke 6, Windstärke 7 wird's in Richtung Juist haarig, in Richtung

Borkum ist schon bei Windstärke 5 definitiv Schluss, und dann heißt es warten, womöglich tagelang. Bis jetzt habe ich mein Schiffchen zwar noch jedes Mal heil hin- und wiedergebracht, Künstlerpech aber kann auch der beste Seemann haben, selbst bei mäßigem Wind.

In meiner Kindheit musste ausgerechnet mein Onkel diese Erfahrung machen. Damals war er mit seinem Fischkutter aus Westeraccumersiel ausgelaufen und steuerte die offene Nordsee an. Keine besonderen Wellen, kein besonderer Wind, aber Nebel muss geherrscht haben, dichter Nebel, der den Mann im Ruderhaus immer rasch ermüdet, weil kein Mensch längere Zeit konzentriert in ein Nichts hineinstarren kann. Zwischen Festland und Langeoog passierte es dann: Der Kutter eines Kollegen rammte ihn ungebremst seitlich mit dem Vordersteven, es splitterte, der Rumpf riss auf, sein Kutter soff ab. Zum Glück hatte er Grundberührung, bevor er gänzlich in den Fluten versank, das Ruderhaus ragte am Ende immer noch heraus, und so konnte der Kutter relativ leicht geborgen werden.

Dies war, soweit mir bekannt, die erste und letzte Havarie in meiner Familie, und sie verlief glimpflich – Onkel und Besatzung konnten sich retten.

20
DIE GEDANKEN SIND FREI

Jahrelang habe ich Musik gemacht, einer Band angehört und Schlagzeug gespielt. Wie so manches andere, ja, wie die meisten meiner Gewohnheiten musste ich die Musik für Memmert aufgeben. Dieser Verzicht fiel mir schwerer als andere.

Ein Kneipengänger beispielsweise war ich nie. In unseren Gaststätten konnte der Ton früher schnell rau werden, das gefiel mir nicht, und das völlige Fehlen eines Nachtlebens auf Memmert hat mich zu keiner Zeit gestört. Wenn ich abends ausgehe, dann wegen des Sternenhimmels, um mich in eine Dünenmulde zu legen und nach oben zu schauen – am besten bei Neumond, wenn sich die Milchstraße noch klarer als sonst am Nachthimmel abzeichnet. Vor der Lichtverschmutzung, die von der holländischen Küste ausgeht, bin ich in meiner Dünenmulde geschützt, und genieße es, von meinem Heimatplaneten aus mit den Augen durch die Galaxien zu surfen.

Ich beschäftige mich gern mit dem Universum, dieser bis ins Kleinste ausgetüftelten, gigantischen Komposition, die das Wunder Mensch hervorgebracht hat, aber auch das Wunder Schwalbe, einen winzigen Vogel, der südlich der Sahara startet und Tausende von Kilometern zurücklegt, über Land und Meer, um wie jedes Jahr sein altes Nest am Schuppen des Inselvogts auf Memmert zu beziehen. Alles an diesem Universum ist ein Wunder, aber viele scheinen keinen Sinn mehr dafür zu haben und trampeln auf der Erde herum wie ein Elefant im Porzellanladen, blind für die Schönheit des Porzellans ...

Möglich, dass jetzt das Piepen eines Austernfischers zu hören ist. Diese Vögel sind auch nachts aktiv, weil sie sich stets an die Gezeiten halten – egal ob Tag oder Nacht, bei jedem Niedrigwasser begeben sich die Austernfischer auf Nahrungssuche ins Watt. Ansonsten ist das nächtliche Memmert eine stille Welt. Zu still, fand ich, als ich noch neu hier war.

Damals, in der Entwöhnungsphase, habe ich abends viel Musik gehört, auch richtig laut – Musik, wie wir sie mit der Band gespielt hatten, melodischen Rock und Blues. Die Band fehlte mir. Musik war immer ein Teil meines Lebens gewesen, und anfangs glaubte ich, nicht darauf verzichten zu können. Später gab es Musik für mich nur noch an Feiertagen, die in keinem Kalender standen. Ich war ja frei, ich konnte mir erlauben, die Wochentage zu vergessen, ich konnte mir auch erlauben zu feiern, wann immer mir danach war, und an solchen Tagen setzte ich mich mit einem Glas Wein auf die Terrasse in die untergehende Sonne, legte eine CD ein und feierte mit mir selbst, mitunter bis weit nach Sonnenuntergang. Das geht. Es geht dann, wenn man mit sich und seinem Leben zufrieden ist und sich so frei fühlt, dass man zu schweben glaubt – andernfalls könnte man den Augenblick nicht als Geschenk genießen und schon gar nicht für sich allein herumalbern oder über die eigenen witzigen Einfälle lachen. Da die Trinkerei aber leicht einreißt, habe ich keine nennenswerten Vorräte hier im Haus. Was es an Wein gibt, ist für besondere Momente gedacht, und Feiertage sind selten.

Im Übrigen macht der Inselvogt das Gleiche wie andere Menschen auch, wenn sie nichts tun. Er sieht fern. Er schaut sich Dokumentarfilme an. Er liest viel. Und er denkt. Er sinnt nach. Ist das erwähnenswert? Ja. Und zwar deshalb, weil ihm der Stoff nicht ausgeht, obwohl auf der Insel doch eigentlich nichts passiert und selten etwas Außergewöhnliches vorfällt.

Vielleicht ist dies sogar das herausragende Merkmal meiner Inselexistenz: dieser seltsame Schwebezustand irgendwo zwischen Traum und Wirklichkeit. Es stimmt, ich habe wenig Ablenkung. Pflichten und Aufgaben gibt es zahlreiche, auch das ist richtig, aber eigene Projekte verfolge ich nicht. Ich muss nichts produzieren, ich muss im strengen Sinne keine Arbeit abliefern, ich stehe auch nie in Versuchung, mich in die Belange anderer einzumischen, und – noch erfreulicher – kein Mensch redet mir in meine Angelegenheiten hinein. Kurzum: Ich stehe am Spielfeldrand, ich bin Zuschauer, nicht Mitspieler.

Zur Zivilisation bin ich auf Distanz. Allenfalls sendet sie mir diffuse Signale in Form von kreisenden Windkrafträdern am Horizont oder Hubschraubern, die Memmert überfliegen, aber den ganzen Aktionismus des gewöhnlichen Alltags mit seinen Pflichten und Verpflichtungen, seinen Aufregungen und Ansprüchen habe ich am Festland zurückgelassen, und die einundzwanzig Kilometer zwischen dem Hafen Norddeich und Memmert sagen nichts über die wahre Entfernung aus, die den einen vom anderen Ort trennt.

Durch diesen Abstand klärt sich vieles. Das meiste verliert an Bedeutung. Anderes – wie die großen Zusammenhänge, in die das menschliche Leben eingebettet ist – gewinnt an Bedeutung. In jedem Fall macht diese Abgeschiedenheit den Kopf frei. Sie erlaubt mir, meinen eigenen Gedanken nachzugehen, und zwar so lange ich will, ungehindert und ungestört. Nichts bringt sie durcheinander, kein Arbeitskollege kommt hereingestürzt und würgt sie ab. Ich darf fantasieren, darf mir Dinge ausmalen, darf zweckfreie Überlegungen anstellen, darf jeden Gedanken so lange weiterspinnen, bis ich die Lust an ihm verliere oder mit ihm ans Ziel gelangt bin.

Einsamkeit stumpft nicht ab, sie inspiriert. Aus heiterem Himmel kommt mir Komisches und Witziges genauso wie durchaus Brauchbares in den Sinn. Es scheint, als gebe es mitten in meinem Schädel eine unversiegbare Quelle von Einfällen und Fantasien. Vor allem bei monotonen Arbeiten sprudelt diese Quelle unablässig, sobald der Körper den Rhythmus draufhat; es ist wohl wie mit den Träumen, die auch nie versiegen. Genauso aber kann ich stundenlang ein handfestes Problem im Kopf wälzen und über meinen störrischen Dieselgenerator nachdenken. Nach und nach entwerfe ich in Gedanken ein komplettes Bild der Situation, verfalle dann auf die verschiedensten Lösungen und gebe nicht auf, bis ich das Ding wieder ans Laufen gebracht habe. Nebenbei gewöhne ich mich so an die Vorstellung, dass alle Probleme lösbar sind. Fast alle.

Denn für alles ist Zeit, und alles liegt in meiner Hand. Setze ich meine Arbeit fort oder unterbreche ich sie und richte meinen Feldstecher auf einen Vogel, der auf Memmert selten ist, der sich in diesem Jahr vielleicht überhaupt noch nicht gezeigt hat, bei dem ich mir womöglich unsicher bin, was es ist? Das liegt bei mir, wie alles andere, wenn's um den Tagesablauf geht. Ich kann mir leisten, meinen Launen zu frönen und meinen Stimmungen nachzugeben – aber immer in dem Bewusstsein: Ich bin der Einzige, auf den ich zählen kann. Ohne Selbstständigkeit keine Unabhängigkeit. Und da kein Mensch alles kann und alles weiß, lauten die Schlüsselbegriffe für ein Leben in der Einsamkeit Nachdenken, Improvisieren und Experimentieren. Du tüftelst, du probierst aus, am Ende klappt's, und du bist glücklich – wieder etwas ohne fremde Hilfe geschafft!

Man lernt sich auf diese Weise immer besser kennen. Verkrafte ich Rückschläge? Erlaube ich dem Ärger, mir den Tag zu verderben? Oder komme ich leicht über kleinere Katastrophen hinweg? Da will ich abends die Tagesschau sehen, und plötzlich fällt das Fernsehbild aus. Also gehe ich zum Schuppen, öffne das Tor und stelle fest: Diesel ist ausgelaufen; die Schläuche des Generators sind geplatzt. Die neue Kraftstoffpumpe ist zu stark dimensioniert. Das ärgert mich – im ersten Moment. Und im nächsten fange ich mich, weil ich mir selbst lächerlich vorkomme – als einziges Wesen auf Memmert, dem der blöde Generator die Laune verderben kann. Nein, so weit darf es nicht kommen. Wir sind hier nicht auf dem Festland, und solange mir mein Haus nicht zusammenbricht, ist Memmert sorgenfreie Zone.

Sorgenfrei, aber keineswegs immer komfortabel. Sicher, ich habe ein schönes Haus. Seitdem 2002 die Seekabelverbindung von Juist nach Memmert gerissen ist, liefert mir eine Fotovoltaik-Anlage den Strom; zusätzlich kann ich auf einen – nicht immer zuverlässigen – Generator zurückgreifen. Und zwei- bis dreimal im Jahr erhalte ich Besuch von einem Landungsschiff meiner Behörde, das mir Gas und Diesel bringt und alles andere, was zu groß und sperrig für meine kleine Schubkarre ist. Diese Schiffe können sich trockenfallen lassen und dann über die Heckrampe einen Traktor und Unimog an Land setzen, der mir die Sachen bis vor die Haustür fährt. Aber solche Versorgungsfahrten sind aufwendig und daher selten.

Um alles andere aber muss ich mich selbst kümmern. Kleidung, Nahrungsmittel, Getränke, Dinge des täglichen Bedarfs und Ersatzteile – alles muss mit Boot und Schubkarre von Juist oder dem Festland herbeigeschafft werden, und gerade die Trinkwasserbeschaffung ist mühsam. Drei leere Kanister à zwanzig Liter habe ich dabei, wenn ich die Insel verlasse, die wiegen nichts, das bringt mich noch nicht ins Schwitzen, aber wenn ich von Juist zurückkomme, muss ich sechzig Kilo Wasser bewegen, anderthalb Kilometer weit auf einer Schubkarre durch Sand und Grasland, im Sommer von Pferdebremsen und Stechmückenschwärmen begleitet – in solchen Momenten erscheint einem das Leben am Festland als reiner Luxus und Trinkwasser als eine kostbare Rarität. Auf Memmert braucht alles seine Zeit. »Mal eben schnell …«, das gibt es hier nicht. Nichts auf der Insel hat mehr PS als ich, meine Körperkraft ist das Maß aller Dinge.

Es gab Zeiten in meinem Leben, da hätte ich einem derart ruhigen, dermaßen langsamen Leben nichts abgewinnen können. Da zählte nur eins, nämlich Bewegungsfreiheit, Mobilität, und daher hing mein Herz an Autos. Fahren, wohin ich möchte und so weit ich möchte, so hätte meine Definition von Freiheit damals gelautet. Ein Leben ohne Auto wäre mir geradezu sinnlos erschienen.

Irgendwann bin ich aufs Fahrrad umgestiegen. Das war eine andere Form von Bewegungsfreiheit, eine körperliche Fortbewegungsart, eine, die mir mehr Freude machte. Auf Memmert bin ich dann zum Fußgänger geworden, der sich in einem Radius von zwei Kilometern bewegt, und zu einem Menschen, dem eine neue Freiheit über alle anderen geht: die Entscheidungsfreiheit. Sie erscheint mir heute als das größte Glück.

Denn hier bin ich mein eigener Herr, für alles zuständig und für alles verantwortlich. Niemand bremst mich, niemand macht mir Beine, nicht einmal die Zeit kann über mich bestimmen, und selbst die Welt kann mir gestohlen bleiben. Die Zivilisation mit ihrer Überfülle an Regeln, ihrer Unmenge an Vorschriften hat aufgehört zu existieren, und jeden Morgen erwache ich mit der Gewissheit, weder durch Belanglosigkeiten belästigt noch durch einen geregelten Tagesablauf in Anspruch genommen zu werden. Hier brauche ich nur auf mich und die Insel zu hören. Mit anderen Worten: Auf Memmert kann man seine straff sitzende Festlandshaut abstreifen, und offenbar war es das, was ich wollte.

Meine teure Musikanlage habe ich jedenfalls längst wieder abgebaut und zurück aufs Festland verlegt. Mir reicht eine kleine Anlage, so selten, wie ich Musik höre. Und wo ist eigentlich das Memmert-Lied, das ich eines Abends komponiert habe? Den Text muss ich verlegt haben, und jetzt fällt er mir nicht mehr ein. Aber ist das so wichtig?

21
ROTE, SCHWARZ GESPRENKELTE EIER

Memmert, eine stille, ruhige Insel? Meine Mitbewohner würden widersprechen. Auch von einer gemächlichen Lebensweise würden sie nicht reden. Aber sie sind ja auch die Akteure. Und nachdem ich sie im Großen und Ganzen schon vorgestellt habe, will ich sie jetzt in Porträtaufnahme zeigen. Das ist im übertragenen Sinn gemeint, denn fotografieren lassen sie sich auf Memmert nun gerade nicht besonders gut.

Zu sagen, dass die hiesige Vogelwelt auf Menschen keinen Wert legt, wäre noch untertrieben. Menschen gehören für sie einfach nicht hierhin. Deshalb fliehen sie auf Memmert alle, grundsätzlich. Es gibt Vogelarten, die sich nie an den Menschen gewöhnen, der Löffler beispielsweise, aber auch sämtliche Schwarmvogelarten sind extrem scheu. Alpenstrandläufer, die hier zu Zehntausenden auftauchen, um sich Kraftreserven für den Weiterflug anzufressen, aber auch Knutts, Kiebitzregenpfeifer und viele andere haben eine Fluchtdistanz von mindestens 800 Metern.

Anfangs hatte ich die Hoffnung, dass sie sich mit der Zeit an mich gewöhnen, zumindest ihre extreme Scheu aufgeben würden. Nein, das tun sie nicht. Kein Vogel will mich kennen. Wo ich mich sehen lasse, flüchtet alles, und da Vögel reaktionsschnelle Tiere sind, die es auf hohe Geschwindigkeiten bringen, wäre ich ohne Fernglas aufgeschmissen. Schon deshalb, weil man mit bloßem Auge auf die Entfernung immer nur das sieht, was man schon kennt; neue oder seltene Arten würden mir aber entgehen. Wobei es Übungssache ist, einen fliegenden Vogel mit dem Fernglas zu treffen. Es muss ja schnell gehen, aber dieses Kunststückchen ist reine Übungssache. Das Fernglas gehört auf Memmert jedenfalls zur Grundausstattung, sonst wird man ausgerechnet hier als Vogelbeobachter nicht glücklich.

Nicht einmal austricksen lassen sie sich. Einmal wollte ein Fotograf Bilder von den großen Rastvogelscharen im Osten der Insel machen. Das Ergebnis war höchst unbefriedigend, trotz Tarnzelt und langer Wartezeit. Als würden alle denken: »Oh, wir werden fotografiert! Das wollen wir nicht«, verteilten sich sämtliche Vögel sofort weiträumig um sein Zelt und blieben auf Distanz. Offenbar ist es so, dass sie sich hier auf Memmert an jeder Art von Fremdkörper stören, egal ob beweglich oder starr.

Meinen ersten Rotschenkel habe ich folglich nicht auf Memmert, sondern auf Juist aus der Nähe gesehen. Damals, in der Anfangszeit, pflegte ich für meine Einkäufe noch mit einem kleinen Kahn zur Bill überzusetzen, wo ich mein Fahrrad im Rettungsbootschuppen abgestellt hatte, um dann die sieben Kilometer bis ins Dorf zu radeln. Was sah ich bei einer dieser Gelegenheiten auf einem Zaunpfahl sitzen? Einen Rotschenkel! Ich bremste, kam zwei Meter vor ihm zum Stehen und konnte ihn in aller Ruhe studieren, der Kerl flog einfach nicht weg. Auf

Memmert bin ich nie näher als auf 50 Meter an diese Vögel herangekommen, jetzt konnte ich mich regelrecht in seinen Anblick vertiefen: das leuchtende Orange seiner Beine, den braunweiß gesprenkelten Körper, den langen, spitzen Schnabel, oben orange, unten schwarz – einfach ein schöner, obendrein klug aussehender Vogel. Als Inselvogt von Memmert wird man mit solchen Bildern nicht gerade verwöhnt.

Ich rate meinen Besuchern daher immer, sich lieber auf Juist hinter der Deichkuppe zu postieren, wenn sie Rastvögel sehen wollen – dort kann man aus der Deckung heraus die Salzwiesen überblicken und mit dem Feldstecher die verschiedensten Watvogelarten in Ruhe beobachten. Wahrscheinlich wird man dabei nicht 20 000 Vögel auf einmal zu Gesicht bekommen, aber der einzelne Vogel wird gut zu erkennen sein. Im Übrigen bietet sich das große Naturschutzgebiet auf der neuen Deichnase vor Greetsiel ebenfalls dafür an. Dort gibt es alle möglichen Geländeformen wie Wasserläufe, Seen, Sand- und Grünflächen, und wer sich mit dem Boot möglichst leise hindurchbewegt, wird zu großartigen Vogelfotos kommen.

Auf Memmert gelten andere Regeln. Aber dort brüten sie eben in großen Mengen, dort ziehen sie ihre Jungen auf und sind schon deswegen extrem nervös. Flucht ist allerdings nicht ihre einzige Reaktion auf bedrohliche Störungen. Viele Vögel verfolgen obendrein raffinierte Strategien, um Angreifer an der Nase herumzuführen oder ihnen den Eierdiebstahl zu verleiden.

Gänse zum Beispiel, aber auch Austernfischer verleiten, wie der Fachausdruck lautet. Das heißt: Sie lenken von ihrer Brut ab. Dann passiert es, dass sich ein Ganter etwa für seine Familie »aufopfert«, indem er in kurzem Abstand vor mir herläuft und dabei eine Verletzung vortäuscht, um die Illusion einer leichten Beute zu erwecken. Er wackelt tatsächlich mit hängenden, am Boden schleifenden Flügeln vor mir her, als hätte er sich beide Schwingen gebrochen, nach dem Motto: Was hast du für ein Glück! Ich bin zufällig flugunfähig, und wenn du einen von uns fressen willst, dann nimm doch bitte mich, ich mach's dir leicht! Ganter sind wirklich großartige Schauspieler, und manchmal denke ich: Komm, jetzt übertreib nicht, du Clown … Unsereins durchschaut die Täuschung. Ein Fressfeind aber dürfte darauf hereinfallen und sich wundern, dass der verletzte Vogel im letzten Augenblick doch abhebt und vor seiner Nase entschwindet. Spätestens jetzt wird er sich düpiert fühlen – zu spät.

Ganz anders geht die Eiderente vor. Im selben Moment, in dem sie mit lautem Flügelklatschen gleich neben mir fluchtartig abhebt, bespritzt sie ihre Eier im Nest mit einer dünnflüssigen Brühe, und die stinkt nicht nur widerlich, sie sieht auch ekelhaft aus. Natürlich hält sie mich für einen Eierdieb – Vögel glauben ja immer, du willst ihrer Nachkommenschaft ans Leder –, doch auch für herumschleichende Vierbeiner wird das Gelege auf diese Weise ungenießbar gemacht. Gestank bleibt eben Gestank, für unsere wie für ihre Nasen. Für ihre biologische Waffe besitzt die Eiderente übrigens ein besonderes Depot im Hinterteil, dessen Munition jederzeit einsatzbereit ist.

Nun gibt es auf Memmert auch Vögel, die solche Tricks nicht nötig haben – die Greifvögel nämlich. Die wissen, dass ihre Brut nichts zu befürchten hat. Auf Memmert sind sie zwar nicht allzu zahlreich, aber auf sieben Rohrweihenpärchen haben wir es hier in einer Brutsaison schon gebracht, und dazu gesellen sich ein Bussard- und ein Wanderfalkenpärchen. Wegen der Zugvögel ist Memmert im Frühling und Herbst für Greifvögel natürlich besonders attraktiv; dann lassen sich hier obendrein jagende Turmfalken, Sperber, Habichte und Merline beobachten. Nehmen wir uns den Wanderfalken heraus, weil er in vielerlei Hinsicht der außergewöhnlichste unter den hiesigen Greifvögeln ist.

Das Falkenpärchen nistet im äußersten Südosten von Memmert, überdies in einem riskanten Bereich: sehr flach, sehr niedrig – schon eine leichte Sturmflut von einem Meter über Normalhochwasser würde ihr Nest dort wegschwemmen. Allein das ist höchst ungewöhnlich, denn Turm- wie Wanderfalken nisten seit Urzeiten in luftiger Höhe, auf Felsvorsprüngen oder in Kirchtürmen; nicht umsonst ist der Turmfalke nach einem menschlichen Bauwerk benannt. Das Wanderfalkenpärchen jedoch brütet noch nicht einmal auf einer Dünenkuppe – was wegen des Flugsands allerdings auch ungemütlich würde –, eine höhere Position aber könnte es sich jederzeit suchen und hat es anfangs auch tatsächlich getan. Solange der Leuchtturm stand, nistete es nämlich dort oben auf der Galerie; erst nach dem Abriss wurde der Wanderfalke zum Bodenbrüter, und offenbar weiß dieses Pärchen ziemlich genau, was es tut, denn sein Nest ist trotz seines heiklen Standorts bisher noch nie eine Beute der See geworden.

Im Übrigen … Für eine gute Mahlzeit pfeift auch der Wanderfalke auf die alten Sitten. Was interessiert ihn schon die hohe Warte, wenn er auf Memmert so leicht an seine Nahrung kommt? Nahrungsverfügbarkeit hat stets oberste Priorität, und der Wanderfalke ist hauptsächlich auf Watvögel aus, an denen hier nun wirklich kein Mangel herrscht.

Sobald ich mich der Südostspitze nähere, sehe ich den Wanderfalken aufsteigen, wenig später treffe ich auf sein Nest, und während der Brutzeit erwarten mich dann immer vier Eier in der ausgefallensten Farbe, die Memmert zu bieten hat. Ich kenne schneeweiße, cremefarbene und bläuliche Eier, auch grünliche und gelbbraun gesprenkelte, ich weiß, dass Kormoraneier bläulichweiß sind und Möweneier dunkle Tupfen auf grüner Schale haben, aber Falkeneier sind rot! Rot mit schwarzen Flecken, schöner als jedes Osterei. Die meisten anderen Eier tragen Tarnfarben, aber die Eier des Wanderfalken leuchten dir förmlich entgegen!

Also eine neue Strategie. Ganz offenbar ist dieses Rot keine Tarn-, sondern eine Warnfarbe, und ohne Zweifel will der Falke damit aller Welt zu verstehen geben: Wer sich an diesen Eiern vergreift, wird seines Lebens nicht mehr froh. Ich gehe jedenfalls davon aus, dass die Farbe Rot auch in der Natur, auch im Tierreich die Bedeutung von *Achtung!* beziehungsweise *Gefahr!* besitzt. In diesem Fall würde der Wanderfalke also mit Abschreckung arbeiten.

Mehr ist nicht nötig. Es macht sich ja hier auch keiner Illusionen. Der kleine, gerade mal taubengroße Wanderfalke ist der schnellste Vogel der Welt, er bringt es im Sturzflug bis auf 330 km/h, seine Flugkünste sind kaum zu überbieten, und auf der Jagd greift er so ziemlich alles an, was den Luftraum bewohnt, auch Vögel, die deutlich größer sind als er. Jeder meiner Mitbewohner weiß das, und bis auf ganz wenige ziehen sie alle die Köpfe ein, wenn sich der Falke am Himmel blicken lässt. Sie kennen die Silhouette, sie können Freund und Feind in Sekundenbruchteilen unterscheiden, und kein Vogel würde sich dieser Gefahr aussetzen. Umso verblüffender, dass Vögel von entschiedener Harmlosigkeit die Nachbarschaft des Wanderfalken regelrecht zu suchen scheinen. Mehr als einmal nämlich habe ich eine Eiderente zwei Meter von seinem Nest entfernt brüten sehen. Wie ist das möglich? Könnte es sein, dass der Falke die nächste Nachbarschaft bewusst verschont? Für mich sieht es so aus. Beweisen kann ich es nicht, doch andernfalls wäre es glatter Selbstmord, gewissermaßen auf dem Präsentierteller zu brüten, zumal ja irgendwann die Eiderenten-Küken schlüpfen und der Falke nur zugreifen müsste. Und nicht nur die relativ große Eiderente, selbst die winzigen Seeregenpfeifer tummeln sich in der Nähe des Falkennests! Auch sie scheinen davon auszugehen, dass er seine direkte Nachbarschaft freundlich gewähren lässt. Was die Seeregenpfeifer vermutlich nicht wissen: dass sie auf der Roten Liste der vom Aussterben bedrohten Tiere ganz oben stehen. Deshalb geht mir immer das Herz auf, wenn ich sie dort im Süden herumlaufen sehe, und gleichzeitig wird mir wegen des Falken ganz bang – ihnen aber ist dieser hochgefährliche Jäger offensichtlich geheuer, sie scheinen mit ihm keine schlechten Erfahrungen gemacht zu haben.

Und wo wir schon dabei sind, noch eine letzte Strategie, seinen Nachwuchs aus der Schusslinie zu bringen. Hohltauben und Dohlen machen gleich Nägel mit Köpfen und nisten in den Eingängen der Kaninchenbaue, wobei sie die Fluchteingänge meiden und nur die Nebeneingänge besetzen, also kleinere Löcher, die eher zur Belüftung des Baus dienen. Für die Kaninchen wichtiger sind die

Haupteingänge, in die sie bei Gefahr von allen Seiten kommend blitzschnell verschwinden können, und ausgerechnet diese Eingänge beanspruchen die größeren Brandgänse gern für sich. Den Kaninchen wird das nicht recht sein, sie sind dann nämlich gezwungen, neue Aus- und Eingänge zu graben, aber Hohltauben und Brandgänse fühlen sich dort gut aufgehoben, und es amüsiert mich immer, ihnen zuzuschauen: Eben noch waren sie da, und im nächsten Moment sind sie nicht mehr zu sehen, einfach in einer Düne verschwunden.

Man sieht: Was die Sicherheit ihrer Nachkommenschaft angeht, sind Vögel ungemein erfinderisch. Und aus meiner Erfahrung kann ich hinzufügen: Sie sind allesamt gute Eltern. Sie bemühen sich nach Leibeskräften, ihre Küken großzuziehen. Natürlich hängt der Bruterfolg auch von der Witterung ab, und heiße Sommer treffen die Wasservögel besonders hart. Aber eigentlich müssten wir den Ausdruck »Rabeneltern« als großes Kompliment auffassen, denn Rabenvögel bilden in diesem Punkt keine Ausnahme. Dabei ist es mit Füttern und Gefahrenabwenden noch lange nicht getan, denn in den wenigen Monaten, die ihnen auf Memmert vergönnt sind, müssen die Kleinen rechtzeitig noch etwas Entscheidendes von ihren Eltern lernen – nämlich die Kunst des Fliegens.

22
NUR FLIEGEN IST SCHÖNER

Gewiss kann man auf Memmert auch Glück haben und Vögel aus der Nähe sehen. Außer Gänsen und Austernfischern, die sich näher ans Haus heranwagen, sind es vor allem die großen Greifvögel, also Weihen und Bussarde, die sich nicht allzu viel aus meiner Gegenwart machen, und natürlich die Schwalben, die am Haus und beim Schuppen wohnen. Auch der eine oder andere seltene Singvogel schaut mal bei mir vorbei. Wozu sich Memmert aber ganz vorzüglich eignet, ist das stundenlange Beobachten von Vögeln im Flug, das Bewundern ihrer Flugkünste.

Man wird dabei eine erstaunliche Feststellung machen: Vögel fliegen aus Lust am Fliegen. Nicht alle, aber viele. Sie überlassen sich – fast könnte man sagen, mit Leib und Seele – immer wieder mal dem zweckfreien, von keinem anderen Bedürfnis als dem Vergnügen diktierten Fliegen. Sie sind wirklich leidenschaftliche Flieger.

Bei wild lebenden Landtieren gibt es keine Bewegung aus reiner Lust an der Bewegung. Alles, was auf dem Land in freier Wildbahn lebt, muss Energie sparen, wählt daher den kürzesten Weg von A nach B und macht keinen

Schritt zu viel – man weiß ja nie, wann man das nächste Beutetier erwischt oder ob die saftigen Weiden nicht in Kürze vertrocknen. Daher der Eindruck von Gemächlichkeit bei allen erwachsenen Wildtieren, die sich am Boden bewegen – schnell agieren sie nur notgedrungen, entweder auf der Jagd oder auf der Flucht. Als Jungtiere tollen sie noch herum, um spielerisch ihren Körper zu trainieren, aber damit ist es vorbei, sobald die Muttermilch nicht mehr fließt.

Manche Vögel aber, obwohl ebenfalls Wildtiere, sind regelrechte Genussflieger. Selbstverständlich kennen auch sie den Ernst des Lebens. Ein Zugvogelflug über 10 000, womöglich 20 000 Kilometer ist kein Zuckerschlecken. Fischen und Beute machen, die eigene Brut versorgen, das ist Arbeit, zweckgebundenes Fliegen. Doch am Ende der Brutzeit kann man auf Memmert beispielsweise Hunderte von Möwen beobachten, die sich immer höher hinaufschrauben und die Thermik der Insel nutzen, um ganz oben zu kreisen, höher als sonst üblich, und wenn diese Vögel dort oben segelnd ihre Kreise ziehen, dann jauchzen sie. Das ist Fliegen aus Daseinsfreude und Lebenslust und womöglich genau das, was eine Möwe als höchsten Lebenszweck empfindet.

Möwen beherrschen diese Art des Fliegens par excellence. Es gibt kaum elegantere, es gibt aber auch kaum sturmerprobtere Flieger als sie. Bei Windstärken zwischen 7 und 8 scheinen sie sich am wohlsten zu fühlen, ja, selbst Windstärke 9 hält sie nicht vom Fliegen ab, und wie sie dann Böen und Turbulenzen ausnutzen, das grenzt an Akrobatik, das erinnert an Formel-1-Fahrer, die tückischste, kurvenreichste Strecken mit Bravour und einem Affenzahn nehmen. Sie können sogar surfen.

Wind, der auf eine Randdüne prallt, wird mit Macht nach oben abgelenkt, weshalb hinter der Dünenkrone beinahe Windstille herrscht. Möwen finden diese Situation unwiderstehlich. Sie surfen auf dem hochschiessenden Luftstrom und stehen dabei ohne einen Flügelschlag im Wind, auf der Stelle, beinahe reglos; nur die Flügelspitzen bewegen sich leicht, weil dort jene Steuerfedern sitzen, mit denen sie sich ausbalancieren. Ähnliches lässt sich beim Bussard beobachten. Für ihn wäre es völlig unsinnig, in Höhen von 200, 300 Metern herumzusegeln, weil selbst dem schärfsten Auge dort oben die Maus am Boden entgeht; auf Jagd ist er dann also nicht. Aber der Bussard selbst verkündet, was er da oben treibt, denn selbst auf diese Entfernung ist sein Lustschrei noch zu hören, dieses Biiiüüü, das auch für unsere Ohren nach Begeisterung klingt. Bussarde können diesem Schrei durchaus unterschiedliche Klangfarben geben, doch in diesem Fall klingt er unverkennbar triumphierend, wie ein befreites Jauchzen: So hört es sich an, wenn der hiesige König der Lüfte einen besonders guten Tag erwischt hat. Im Übrigen macht es auch dem Menschen Freude, ihm bei seinem majestätischen Spiralflug zuzusehen. Wir können die Lebenslust dieser Vögel vielleicht nicht nachempfinden, aber wir können uns in sie hineindenken und mitfühlen – und Möwen wie Bussarde beneiden.

Nebenbei gesagt: Für diese Arten sind solche Eskapaden Anzeichen einer Überflussgesellschaft. Hier muss eben keiner fürchten, bei der Essensausgabe zu kurz zu kommen. Wenn ich jederzeit einen gedeckten Tisch vorfinde, kann ich mir den Luxus übermütigen Verhaltens eben leisten.

Was anderen aus anderen Gründen nicht gegeben ist. Manche Vögel rackern sich in der Luft ziemlich ab; sie müssen ein bisschen mehr tun, um abzuheben und oben zu bleiben. Ihr Flug wirkt dann entsprechend angestrengt und schwerfällig, aber das liegt am Körperbau. Hühnervögel gehören dazu. Ihrer plumperen Körper und relativ kurzen Flügel wegen sind sie keine anmutigen Flieger, und eine Gans, die sich zu ihrem Vergnügen in immer größere Höhen schraubt oder bei heftigem Wind gewagte Flugkunststücke zeigt, wird man nicht erleben. Gänse fliegen deshalb, wie Reiher und Kraniche, über längere Strecken im Formationsflug, gestaffelt hintereinander – die beste Art, Energie zu sparen, weil der Vordere durch seine Flügelbewegungen eine Luftschleppe erzeugt, in der es sich für die Hinterleute leichter fliegen lässt. Innerhalb der Formation wird in regelmäßigen Abständen reihum die Position gewechselt, sodass jeder mal die kräftezehrende Führungsposition einnimmt – und da sagt keiner: »Ich war aber doch gerade eben erst dran ...«

Doch selbst Möwen geraten unter Umständen an ihre Grenzen. Wenn eine Bö sie bei Windstärke 12 erwischt, vermögen sie kaum noch zu reagieren, dann werden sie weggeblasen, dann können auch die größten Flugkünstler abstürzen und aufschlagen. Sicher, es gibt noch artistischere Flieger als die Möwe, die Seeschwalbe zum Beispiel. Sie ist noch wendiger, vielleicht auch reaktionsschneller, aber sie bildet keine Ausnahme von der allgemeinen Regel, die da lautet: Je kleiner, desto gefährdeter bei Sturm.

Kleinere Singvögel geraten schon bei Windstärke 6 ins Schwitzen. Wahr ist aber auch: Alles, was auf Memmert geboren wird, ist heftige Winde gewöhnt und kann sich darauf einstellen. Ich staune jedenfalls immer wieder, wie wenig Stürme meinen Mitbewohnern anhaben können. Denn schließlich – selbst wenn sechs Tage lang starke Winde über die Insel fegen – müssen sie Nahrung suchen, ihre Jungen füttern und den Weg zwischen Watt und Brutplatz bewältigen; einfach mal zu Hause bleiben und besseres Wetter abwarten ist in ihrem Lebensplan nicht vorgesehen. Mir tun die kleinen Vögel dann manchmal schon leid.

Dies sei vorausgeschickt, um Ihnen eine vage Vorstellung davon zu vermitteln, was die einmalige Fortbewegungsart des Fliegens in der Dreidimensionalität unter den atmosphärischen Bedingungen unseres Planeten an Fähigkeiten verlangt. Man sollte meinen, Vögeln liege diese Fähigkeiten im Blut, das Fliegen sei ihnen ins genetische Programm eingeschrieben – nach ein paar Wochen würden Jungvögel eben ihre Flügelchen ausbreiten und losfliegen.

Aber so läuft es nicht. Fliegen, also bei unterschiedlichen Windstärken zu fliegen, sich noch bei Sturm und in Turbulenzen in der Luft zu halten, unter Ausnutzung komplizierter Wind- und Wetterverhältnisse zielgerichtet zu fliegen, zu starten und sicher zu landen, ist keine angeborene Fähigkeit, das will mal mehr, mal weniger mühsam erlernt werden. Noch Anfang Juli sind hier Jungmöwen zu sehen – beinahe ausgewachsen, schon fast so groß wie ihre Eltern –, die sich ängstlich am Boden halten und bei Gefahr zu Fuß fliehen. Und man könnte mit dem armen Schüler fast Mitleid bekommen, wenn eine Jungmöwe bei heftigem Wind am Strand Flugunterricht erhält. Während mehrere Altmöwen vormachen, wie's geht, und unter den Augen der aufgeregten Jungmöwe mit geradezu einschüchterndem Können in engen Kurven hin und her fliegen, dreht und windet sich der Nachwuchs, bevor er abhebt, in geringer Höhe ungeschickt herumflattert, im Wind taumelt und den Versuch entmutigt abbricht, um einen zweiten, dritten, vierten folgen zu lassen, bis es endlich klappt – wenn nicht heute, dann eben morgen. Wer das einmal miterlebt hat, der weiß: Fliegen ist eine Kunst. Eine erlernbare, zweifellos, aber keine, die Vögel wie ein genetisches Programm einfach abrufen können. Am Ende des Unterrichts steht vielleicht das Fliegen aus reiner Lebensfreude, und dann wird die Möwenflugschule zur Schule der Lust. Aber bis dahin …

Noch etwas komplizierter liegen die Dinge bei Baum- und Buschbrütern, bei Staren, die hier Nistkästen bewohnen, und Rauchschwalben, wie sie bei mir unterm Schuppendach nisten. Deren Jungvögel können nicht einfach zum Strand spazieren und mit dem Unterricht beginnen, die müssen den Boden überhaupt erst mal erreichen. Da hilft manchmal nur sanfter Druck.

Greifvogeleltern zum Beispiel locken ihre Kleinen durch Rufen aus dem Nest – und streichen ihnen gleichzeitig die Mahlzeiten. Sie füttern nicht mehr. Küken sind ja an einen perfekten Service gewöhnt – Essen auf Flügeln, sozusagen –, aber eines Tages ist es damit vorbei. Dann stehen die Kleinen am Nestrand und bewegen die Flügel, wie sie es bei ihren Eltern sehen, wie sie es natürlich auch selbst können möchten, trauen sich aber nicht. Jetzt müssen die Eltern mit Anreizen arbeiten. Sie bleiben dem Nest fern, lassen sich in Sichtweite nieder und rufen und locken so lange, bis die Kleinen tatsächlich den Sprung ins Nichts wagen. Ein erster Schritt, aber fliegen können sie noch lange nicht.

Ich beobachte das bei den Wanderfalken. Sie betreiben die beste Flugschule weit und breit, und es muss lange und hart trainiert werden, bevor kleine Wanderfalken alle Kniffe draufhaben. Sie haben doch keine Ahnung, wie man einen Vogel in der Luft fängt. Welche tollkühnen Manöver nötig sind, bevor man eine fliegende Taube erwischt, die zu entkommen versucht, bevor man einen Vogel aus der Luft sicher greifen kann. Wanderfalken vollführen im Flug atemberaubende Manöver – sie haben die Anlage, sie haben das Talent, sie haben die natürliche Ausstattung dazu, aber der Rest ist intensives Training.

Abschließend noch ein Wort zu den Gänsen: Sie sind Wetterexperten. Wir können uns einigermaßen ausmalen, wie lang und gefährlich die Wege der Zugvögel sind und in welchem Maß eine glückliche Reise vom Wetter abhängt. Alle Zugvögel müssen folglich die Kunst der Wettervorhersage beherrschen, aber die Gänse bringen es in diesem Punkt zu besonderer Meisterschaft. Hinzu kommt das ganze Wissen, das ihnen die Orientierung erlaubt, aber dazu mehr im nächsten Kapitel.

23
DAS GROSSE STAUNEN

Mit dem berühmten Instinkt von Tieren ist es so eine Sache. Nach siebzehn Jahren auf Memmert weiß ich nicht mehr, was ich davon zu halten habe. Wie soll man sich diesen Instinkt vorstellen? Als unüberlegte, automatische Reaktion auf äußere Reize? Als angeborenes Programm? Als intuitiven Reflex auf jede der zahllosen Herausforderungen eines Vogellebens? Handeln meine Mitbewohner also ohne nachzudenken, eben reflexhaft, zwangsläufig, jedenfalls ohne freien Willen, ohne bewusste Entscheidung? Schon die vorhin geschilderte Tatsache, dass sie Dinge zum Spaß betreiben, dass einige von ihnen geradezu vergnügungssüchtig sind, beweist, dass Vögel nicht bloß ein triebhaftes Fortpflanzungs-Aufzucht-Fress-und-Flug-Programm absolvieren. Aber nehmen wir aus dem Repertoire ihrer unglaublichen Fähigkeiten jetzt ihre Orientierungsfähigkeit heraus und schauen sie uns näher an.

Orientierung, das bedeutet: sich mit absoluter Sicherheit sowohl im Raum als auch in der Zeit zurechtfinden. Als Beispiel soll die kleine Rauchschwalbe dienen, die von Frühjahr bis Herbst hier unter meinem Schuppendach nistet und südlich der Sahara überwintert. Wie alle Zugvögel muss sie an ihrem Ausgangsort das Wettergeschehen im Auge behalten, um zu entscheiden: Wann kann ich losziehen? Welcher ist der geeignete Zeitpunkt für meinen Aufbruch nach Norden, wann und wo finde ich die günstigste Thermik? Schon dazu gehört großes Wissen, würde ich sagen.

Auf ihrem Weg zurück nach Memmert muss sie sodann die komplette Sahara überfliegen, wo die Wasserstellen rar sind. Einige davon sind verseucht oder versalzen, andere bieten trinkbares Wasser, also sollte sie alle kennen und zu unterscheiden vermögen, sonst schafft sie's nicht bis zum Mittelmeer. Dort angekommen, liegen aber noch weitere 2000 Kilometer vor ihr. Und jetzt macht sie, was sie schon die ganze Zeit gemacht hat: Sie fliegt zielgerichtet auf Memmert zu, bis sie am Ende ihrer Reise den geschützten Winkel unter meinem Schuppendach erreicht, der ihr Ausgangspunkt war, weil sie dort schon letztes Jahr gebrütet hat. Und selbst wenn das Wetter sie unterwegs zu Umwegen gezwungen haben sollte – sie schafft es. Sie findet diesen stecknadelgroßen Punkt nach einer Reise von 5000, 6000 Kilometern wieder. Wie macht sie das?

Alles genetisches Programm? Alles Instinkt? Kann sie gar nicht anders, weil jede Aktion in ihrem abenteuerlichen Schwalbenleben vorprogrammiert ist? Glaube ich nicht. Zu solchen Leistungen wird viel Erfahrung gehören. Da wird es für eine Schwalbe jede Menge zu lernen geben. Sie muss beobachten, Beobachtungen vergleichen und ihre Schlüsse ziehen, muss auf Zeichen achten, sich Orientierungspunkte einprägen, die Wetterverhältnisse einschätzen können, sie muss, kurz gesagt, Informationen sammeln und speichern, verarbeiten, verknüpfen und weitergeben – alles Leistungen einer hohen Intelligenz, wie ich meine. Letztlich könnten wir in diesem Zusammenhang viele Vögel nennen, ich will aber nur noch den Storch anführen (der allerdings nicht auf Memmert brütet). Storchenpaare sind einander treu, wissen aber, dass eine längere Trennung der Beziehung guttut, und brechen daher im Herbst getrennt auf unterschiedlichen Routen auf. Sie überwintern auch jeder für sich, haben sich aber beim Abflug fürs kommende Jahr am alten Nest verabredet und treffen dort tatsächlich, wieder aus verschiedenen Richtungen kommend, im Frühjahr etwa zeitgleich ein. Auch nicht übel, möchte man sagen, wobei diese Leistung einem großen Vogel wie dem Storch schon eher zuzutrauen ist. Aber man schaue sich eine Rauchschwalbe an! Wenn man sie in der Hand hält, wiegt sie fast nichts, doch auch in diesem winzigen Köpfchen arbeitet ein Gehirn, das die kompliziertesten Aufgaben mit einer Sicherheit und einer Eleganz löst, gegen die unsere menschlichen Anstrengungen geradezu unbeholfen wirken.

Nun, ich kann natürlich nicht im Einzelnen entscheiden, was Instinkt und was durch Weitergabe und eigene Erfahrung gewonnenes Wissen ist. Dass die Denkprozesse in einem Schwalbenkopf anders ablaufen als bei uns, wird wohl stimmen. Tatsache aber ist, dass meine Mitbewohner sich ständig etwas einfallen lassen. Sie sind nicht auf Standardreaktionen festgelegt, sie kommen zu originellen Lösungen, sie bestechen vor allem durch strategisches Denken und taktische Raffinesse. Die Baumbrüter Kormoran und Löffler kleben nicht an der Vergangenheit, sondern erfinden den zylinderförmigen Nesthocker, dessen Ausführung dem Einzelnen überlassen bleibt. Auch der an besonders hohe Brutplätze gewöhnte Wanderfalke findet plötzlich am platten Erdboden Gefallen und kalkuliert sogar das Überschwemmungsrisiko richtig ein. Und Vögel wie die Seeschwalbe kriegen blitzschnell mit, wenn sich irgendwo ein neues Habitat für sie auftut.

Derzeit brütet kein Vogel auf Kachelot. Vor Jahren aber fühlte sich dort eine ganze Seeschwalbenkolonie wohl. Warum? Weil es auf Kachelot damals weite Flächen aus Muschelschill gab, also eine dichte Decke von angespülten Muschelschalen. Seeschwalben reagieren auf die Entdeckung von Muschelschill etwa so wie unsereiner, wenn er ein Grundstück auf Sylt geschenkt bekommt: Besser kann es für sie nicht kommen.

Seeschwalben bauen nämlich keine Nester. Sie kratzen nur eine Mulde in den Schillsand am Strand, legen ihre Eier dort ab und mögen es deshalb überhaupt nicht, wenn Sand in der Luft ist. Bereits ab Windstärke 4 wird trockener Sand aufgewirbelt und fortgeweht, und kein Vogel will beim Brüten Sand in die Augen bekommen oder bei seiner Rückkehr vom Fischfang feststellen müssen, dass seine Eier zugeweht und womöglich unauffindbar sind – auch ein Strandbrüter wie die Seeschwalbe nicht. Nun hatten sich auf Kachelot seinerzeit aber Flächen aus Muschelschill gebildet, die Sandflug verhindern, und prompt waren Scharen von Seeschwalben umgezogen, um sich dort, ungestört und vor den Großmöwen sicher, häuslich einzurichten. Später aber wurde der Muschelschill massenhaft von Sand überlagert, und schon waren die flexiblen Seeschwalben wieder zurück auf Memmert.

Alle Vögel sind groß im Gelände-Erkunden, auch groß im Wahrnehmen und Ausnutzen von Chancen. Am gerissensten sind in dieser Hinsicht die Möwen. Was man zuweilen auf Juist beobachten kann: Eltern spendieren ihren Kindern ein Eis. Das Hörnchen mit dem Eis wandert dann aus der Hand der Mutter in die der dreizehnjährigen Tochter und aus deren Hand in die des siebenjährigen Sohns, und gerade setzt der Kleine zum Lecken an, da passiert's – eine Möwe kommt von hinten angeschossen, schnappt sich das Eis und fliegt mit dem Hörnchen im Schnabel davon. Das Eis selbst geht während des Flugs natürlich verloren, aber das Hörnchen wird anschließend in Ruhe verspachtelt (Möwen sind eben Nahrungsopportunisten und Allesfresser, wie wir Menschen auch). Das Faszinierende daran ist nicht die Frechheit und auch nicht die Geschicklichkeit, mit der der Diebstahl ausgeführt wird, sondern dass sie sich stets ans schwächste Glied der Kette halten. Möwen wissen genau: Kleine Kinder sind wehrlos, die machen's dir leicht. Mit Mama und Papa legst du dich besser nicht an, aber Kinder tun dir nichts, die schreien bloß. (Gleiches funktioniert natürlich auch bei Pommes frites und Fischbrötchen.)

Das nenne ich strategisches Denken. Ein weiteres überzeugendes Beispiel dafür lieferte mir vor einiger Zeit ein Turmfalke.

Normalerweise stehen Turmfalken bei der Jagd rüttelnd in der Luft, um dann auf ihre Beute herabzustoßen, oder sie schießen mit voller Geschwindigkeit in die Bäume und Büsche vor meinem Haus, wo die Singvögel üblicherweise Deckung oder Nahrung suchen. Wie sie die Jagd im Gebüsch fliegerisch hinkriegen, ist mir ein Rätsel und lässt mich immer wieder staunen. Eines Tages beobachtete ich von meinem Küchenfenster aus einen Turmfalken draußen auf dem Pfahl der Wäscheleine. Schönes Bild, denke ich, das sieht man nicht oft, der brütet drüben auf Juist am Rettungsbootschuppen, hole also die Kamera, zoome ran, mache mein Foto, behalte ihn weiter im Auge, und da fällt er wie vom Schlag getroffen plötzlich vom Pfahl. Stürzt einfach wie tot zu Boden.

Doch bevor er aufschlägt, dreht er sich blitzschnell in der Luft – und sitzt einer Ente im Nacken! Die hatte ich gar nicht bemerkt. Sie war wohl nichtsahnend aus dem Gebüsch gekommen und unvorsichtigerweise unter dem Pfahl hergelaufen, und der Falke hatte reglos gewartet, bis sie genau unter ihm war. In diesem Moment hatte er sich fallen lassen, und jetzt krallt er sich mit beiden Klauen in ihren Nacken und reitet auf ihr wie ein Rodeoreiter auf einem bockenden Gaul, während die Ente in panischer Angst Reißaus nimmt, ins Gebüsch, wo sie ihn im Unterholz abzustreifen hofft. Was sich dort abspielen wird, kann man sich leicht denken: Der Falke lässt nicht locker und hackt ihr gezielt in Hals und Nacken, bis sie verendet. Anschließend geht's ans Zerlegen.

Wäre der Falke aufgeflogen, hätte ihn die deutlich größere Ente bemerkt. So aber ging alles in Sekundenbruchteilen, in einer einzigen Bewegung, mit faszinierender Präzision vonstatten. Dergleichen hatte ich noch nie gesehen. Aber Falken sind ohnehin ein unerschöpfliches Thema, auf das ich später noch zurückkommen werde. Was mich im Augenblick beschäftigt: Dürfen wir die Art, wie Vögel Situationen durchschauen, wie sie auf sicherstem Weg zum Ziel kommen, als Zeichen ihrer Intelligenz werten?

Wieso nicht? – auch wenn manchem dieser Gedanke neu sein mag. Man hat Vögeln in der Vergangenheit ja nicht allzu viel zugetraut. Stehen sie nicht auf einer niedrigeren Entwicklungsstufe als Säugetiere, folgen sie nicht in der Kette der Evolution auf die Dinosaurier, die auch nicht besonders helle waren? Säugetieren zollt man wohl eher Respekt, zumal man über den Affen eine sozusagen verwandtschaftliche Beziehung zu ihnen hat. Vögel aber sind Eierleger, wie die Saurier Eierleger gewesen sind, und – waren nicht einige Saurier ebenfalls gefiedert? Jedenfalls kamen die Eierleger vor den Säugetieren, deshalb stellen Säugetiere nach unserem Entwicklungsmodell eine höhere Entwicklungsstufe dar. Folglich denken wir bei kognitiven Fähigkeiten eher an Ratten, Hunde und Gorillas als an Seeregenpfeifer und Löffler.

Tja. Erzählen Sie das mal einer Krähe, die Werkzeuge benutzt, sich aufs Täuschen und Hinters-Licht-Führen versteht und sich im vollen Bewusstsein ihrer Überlegenheit nicht selten regelrecht arrogant aufführt … Wenn man Vögel ständig vor Augen hat, denkt man jedenfalls anders von ihnen – und erlebt sogar, wie sich einzelne Individuen zu unglaublichen Entscheidungen durchringen.

Nur ein – allerdings spektakuläres – Beispiel: Ich bin im Süden der Insel am Strand unterwegs, da nähert sich hoch über mir ein Wanderfalke von der Seeseite. Noch höher fliegen nah beieinander zwei Seeschwalben. Sie kehren vom Fischen zurück und sollten sich jetzt eigentlich schleunigst aus dem Staub machen – was aber sehe ich? Die eine der beiden Seeschwalben schwenkt seitlich von ihrer Flugbahn ab und greift den Wanderfalken an! Während die andere abwartet und sich bereitzuhalten scheint, duckt sich der Falke tatsächlich unter der angreifenden Seeschwalbe weg, weicht zur Seite aus – und wird von der todesmutigen Angreiferin erneut attackiert! Sie belässt es nicht bei einem Angriff, sie setzt nach, sie will es wissen! Woraufhin der Falke endgültig abdreht und das Weite sucht; die zweite braucht also gar nicht mehr einzugreifen. Dass sich ein Wanderfalke von einer Seeschwalbe abdrängen lässt ... Ich habe so etwas noch nie beobachtet. Meine erste Reaktion war ungläubiges Staunen. Normalerweise hätte der Falke den Spieß umgedreht. Ich kann mir diesen Vorfall nur so erklären, dass der Falke ein – fast ausgewachsenes – Jungtier war und die Seeschwalbe erfahren genug, dies auf die Entfernung zu erkennen. In jedem Fall bedeutet dieser von mir nie zuvor beobachtete Angriff zweierlei: Zum einen die Seeschwalbe hat das Risiko kalkuliert und daraufhin den Entschluss zum Angriff auf den gefährlichsten Greifvogel gefasst, der in ihrem Lebensraum vorkommt. Und zum anderen war es der einsame Entschluss eines einzelnen Vogels, und wenn sich die Sache unter Menschen abgespielt hätte, würde man sagen: Hut ab ... Da gehört schon was dazu. Aber liegt vielleicht genau darin mein Fehler: dass ich vom Menschen auf Tiere schließe?

24
VÖGEL VERSTEHEN

Lassen Sie mich die Geschichte vom Kuckuck und dem Wiesenpieper erzählen. Wie jeder weiß, ist der Kuckuck ein eigenwilliger Zeitgenosse. In der Paarungszeit verhält er sich noch wie alle anderen Vögel und lässt sich die schönen Seiten der Fortpflanzung nicht entgehen; dann jedoch beschreitet er bekanntlich eigene Wege. Nun ist es so, dass sich Kuckucke auf ganz bestimmte Wirtsvögel spezialisieren. Hier auf Memmert hat sich das Kuckuckspaar auf den Wiesenpieper eingeschossen, ungeachtet des beträchtlichen Größenunterschieds zwischen beiden Arten, und dabei zeigt sich, dass der Kuckuck mit dem Timing des Wiesenpiepers bestens vertraut ist.

Denn bevor er sein Ei im Nest des Wiesenpiepers ablegt, muss er dessen Brutzeit berechnet haben, damit der kleine Kuckuck kurze Zeit vor den Küken seiner Wirtseltern schlüpft. Das allein klingt schon kompliziert, aber was die Sache noch schwieriger macht: Er darf sein Ei dem Wiesenpieper nicht als Erstes unterschieben, damit der Betrogene nicht misstrauisch wird und das Nest verschreckt meidet. Der Wiesenpieper muss seine Eier also bereits gelegt haben, bevor der Kuckuck das seine deponieren kann; nur dann schöpft er keinen Verdacht, denn sein Gelege durchzählen – das kann der Wiesenpieper nicht.

Und der Betrug scheint oft zu gelingen. Jedenfalls schlüpft der Kuckuck, wenn es so weit ist, kurz vor den Wiesenpieperküken, sodass ihm Zeit bleibt, sich seiner Nestgenossen zu entledigen. Dabei kommt ihm eine Vertiefung am Rücken zwischen den Schultern zugute, mit der er sämtliche Wiesenpiepereier aus dem Nest hebelt – das ist seine erste Amtshandlung, und damit wäre nur noch ein einziges Küken übrig, der Kuckuck eben. Tatsächlich ist der Wiesenpieper viel zu klein, um zusätzlich zur eigenen Brut auch noch den Kuckuck satt zu bekommen; insofern bleibt dem Kuckuck gar nichts anderes übrig, als seine Konkurrenten zu beseitigen, und erstaunlicherweise regelt der frisch geschlüpfte Kuckuck dies ganz allein, ohne dass seine Eltern ihm beispringen müssten.

Nicht weniger erstaunlich ist, dass die Wiesenpiepereltern keineswegs irritiert auf das Riesenbaby in ihrem Nest reagieren und jetzt alles unternehmen, um ihm einen guten Start ins Leben zu ermöglichen. Wenn die ersten Flugstunden fällig sind, ist der kleine Kuckuck von einem ausgewachsenen kaum noch zu unterscheiden, sodass das Größenverhältnis schon grotesk ist. Und nun kommt der Vorfall, von dem ich erzählen möchte.

Da der Wind auf Memmert meist stetig bläst, hat der Kuckuck das Fliegen unter regulären Bedingungen bald gelernt. Wollen seine Zieheltern den Schwierigkeitsgrad erhöhen, müssen sie mit ihm zu meinem Haus, wo es Turbulenzen und wechselnde Winde gibt. Die neue Lektion besteht jetzt also darin, dass Wiesenpieper und Kuckuck ein paar flotte Runden ums Haus drehen, der winzige Wiesenpieper vorweg, der vergleichsweise riesige Kuckuck hinterher, damit der »Kleine« die Feinheiten des Fliegens lernt. Und bei dieser Gelegenheit passiert es …

Ich sitze im Wohnzimmer und sehe, wie die beiden um die Ecke biegen. Allerdings unterschätzt der Kuckuck eine Turbulenz, knallt im nächsten Moment gegen die Fensterscheibe, tropft ab und liegt platt auf der Terrasse am Boden. Ich schaue raus – er blinzelt noch, und da kommt auch schon der Wiesenpieper zurück, landet neben ihm und wirft jetzt seine ganze Autorität in die Waagschale, hüpft vor dem benommenen Kuckuck hin und her und fordert ihn mit demonstrativem Flügelschlagen auf, sich das kleine Malheur nicht zu Herzen zu nehmen und tapfer weiterzufliegen: »Jetzt komm schon, hoch mit dir, das kann jedem passieren, stell dich nicht an, wir sind zum Fliegen hier, keiner hat gesagt, dass es leicht ist, aber ein Kerl wie du …« Und das wirkt. Der Kuckuck rappelt sich auf, fliegt weiter und kommt mit seinem Fluglehrer noch einige Male an meinem Fenster vorbei.

Normalerweise würde man eine solche Szene nicht mitbekommen, nicht aus der Nähe jedenfalls. Ich hatte das Glück, dass mich die beiden hinter der Scheibe nicht sehen konnten. Zum einen fasziniert mich an der ganzen Geschichte natürlich, wie sich Kuckuckseltern ohne Uhr und Kalender so präzise auf die Gewohnheiten einer anderen Vogelart einstellen können – von der Schlawinerhaftigkeit ihrer Vorgehensweise ganz zu schweigen. Auf der anderen Seite aber begeistert mich, dass der verunglückte Kuckuck die Gebärdensprache des Wiesenpiepers nicht anders deutet als ich: Dieses aufgeregte Herumhüpfen und Flügelschlagen ist der Versuch, den abgestürzten Schützling zum Weiterfliegen zu animieren, da gibt es keinen Zweifel.

So verschieden Wiesenpieper und Kuckuck auch sind, sie können sich untereinander doch verständigen, und genauso begreife auch ich, was gerade vor sich geht. Man muss eben kein halber Vogel sein, um Zugang zu dieser Welt der Kommunikation zu finden. Tiere sprechen keine unentschlüsselbare Geheimsprache. Auch zwischen Tier und Mensch werden verständliche Signale ausgetauscht, und gerade Vögel scheinen mir eine Universalsprache erfunden zu haben, die, Regenwürmer einmal beiseitegelassen, von allen verstanden werden kann. Ja, ich weiß, es wird davor gewarnt, vom Menschen auf Tiere zu schließen. Aber zu Recht? Ich zumindest glaube inzwischen, dass wir so unterschiedlich gar nicht sind und dass man sehr wohl Parallelen ziehen kann – vorausgesetzt, man ist durch lange Beobachtung an den Punkt gelangt, sich in Tiere hineinversetzen zu können. Im Beobachten liegt überhaupt der Schlüssel zur Lebensfreude auf Memmert, und da ich ein langjähriger Beobachter bin, der seinen Augen trauen darf, wird man mir Analogien vielleicht verzeihen.

Wobei man auch durch Lauschen und Hinhören einiges lernen kann. Die Sprache der Möwen beispielsweise, ihre Lautäußerungen. Soweit es mich betrifft, fängt es immer mit dem relativ gedämpften *Gagagagaga* einer einzelnen Möwe an, gemeint als Vorwarnung für alle anderen: Da unten tut sich etwas, man weiß aber noch nicht genau, was, vielleicht ist es harmlos, vielleicht nicht, also vorläufig nur Alarmstufe Gelb … Sobald ich ihre Kolonie aber betrete, schlägt das *Gagaga* in gellende Schreie um, die von allen Seiten kommen und durchaus als akustisches Sperrfeuer gemeint sind – jetzt also Alarmstufe Rot. Sollte auch das nicht helfen, greifen einige Möwen zum letzten Mittel und gehen zum Überraschungsangriff über. Sie kommen dann grundsätzlich im Sturzflug von hinten und stoßen, bevor sie haarscharf an meinem Kopf vorbeifliegen, einen gellenden Schrei aus. Ich möchte den sehen, dem sich da nicht die Nackenhaare sträuben.

Damit wäre ihr Arsenal der akustischen Waffen jedoch erschöpft. Völlig anders klingt natürlich das Jauchzen, von dem ich im Zusammenhang mit ihrer Lustfliegerei schon sprach – in jedem Fall aber darf man davon ausgehen, dass auch ihre Lautäußerungen auf Menschen genauso wirken, wie sie gemeint sind. Dass ich von ihrer Kommunikation sämtliche Feinheiten mitbekomme, will ich damit nicht sagen, aber die Grundstimmung kommt schon rüber.

Einen Aspekt am Leben meiner Mitbewohner aber gibt es, auf den sich unsere Maßstäbe nicht übertragen lassen. Zwei Beispiele werden schnell klarmachen, was ich meine.

Als Erstes zu unserem Wanderfalkenpärchen. Sein Gelege enthält immer vier von diesen schwarz gesprenkelten roten Eiern, das Paar zieht aber immer nur drei Junge groß. Was geschieht mit dem vierten Küken? Nun, es ist von Anfang an etwas kleiner als die anderen. Beim Fressen kommen ihm seine kräftigeren Geschwister zuvor, wodurch es immer schwächer wird, sich nicht mehr durchsetzen kann und schließlich verendet. Es verhungert jedenfalls, denn wie überall im Tierreich herrscht auch bei den Wanderfalken die Selektion, die den Stärkeren begünstigt, um die Art auch für zukünftige Generationen optimal zu erhalten. Auch drei Küken bedeuten schon Vermehrung.

Die Moral von der Geschicht? Tiere haben Interessen.

Es geht ihnen immer ums Eigentliche und Ganze. Wie organisieren wir uns, um die größtmöglichen Überlebenschancen zu haben? Als Mensch geht einem dieses strikte Zweckmäßigkeitsdenken manchmal zu weit. So könnte man sich zum Beispiel endlos darüber empören, wie die Möwen bisweilen auf Memmert wüten.

Möwen räubern nämlich bei den Nichtmöwen ihrer Kolonie oder bei Nachbarn, falls ein Versorgungsengpass auftritt. Das kann passieren, wenn höhere Gezeiten das Watt nicht freigeben, während einer sommerlichen Heuflut zum Beispiel, die zwar keinen Schaden anrichtet, Möwen und andere Vögel aber an der Nahrungssuche im Watt hindert. Warten ist keine Option, wenn bettelnde Küken Druck machen, also lassen sich die Möwen etwas anderes einfallen und schielen nach den Nestern der Seeschwalben, die etwas später dran sind als sie und immer noch Eier haben.

Ein konventioneller Überfall aus der Luft empfiehlt sich indessen nicht. Großmöwen wissen, dass sie in der Luft keine Chance hätten, da sie nicht wendig genug sind, um den Luftkampf mit einer Seeschwalbe zu bestehen, und wie wehrhaft diese Vögel sind, hat sich ja schon in der Begebenheit mit dem Wanderfalken gezeigt. Sie müssen sich also etwas einfallen lassen, sie müssen die Seeschwalben austricksen. Was machen sie?

Sie landen unverfängliche 50 Meter außerhalb der Seeschwalbenkolonie, nähern sich zu Fuß und marschieren am Boden ein, ohne dass die Seeschwalben reagieren. Vögel, die angelaufen kommen, erkennen sie offenbar nicht sogleich als Angreifer, jedenfalls verteidigen sie sich längst nicht so energisch wie in der Luft, unternehmen kaum etwas zum Schutz ihrer Gelege, und die Möwen können sich nun bedienen. Entweder nehmen sie das ganze Seeschwalbenei mit, oder sie trinken es aus, bewahren den Inhalt im Hals und speien ihn dann ihren Küken in den Rachen. Sollte die Not noch größer werden, scheuen sie sich nicht einmal, Eier oder auch Jungvögel der eigenen Art zu erbeuten und zu verfüttern.

Die Natur kennt weder Gut noch Böse, möchte man meinen. Sie scheint nur überlebensnotwendige Maßnahmen zu kennen. Für uns sieht es so aus, als ob da jeder die Chancen ergreift, die sich ihm bieten, und skrupellos genug ist, diese Chancen auch blitzschnell zu nutzen. Tatsächlich sind Möwen und auch Krähen besonders konsequent, wenn das eigene Überleben und das ihrer Brut auf dem Spiel steht, da tut jeder scheinbar bedenkenlos sein Möglichstes. Stellt sich die Frage nach Gut und Böse für sie also gar nicht?

Wahr ist: Die Natur begünstigt die Starken und die Dreisten. Das mag unter Menschen, im gepriesenen Reich der Zivilisation, nicht viel anders sein, nur dass sich im Tierreich keiner darüber aufregt. Tiere kennen, wie gesagt, nur Interessen; was uns empört, lässt sie kalt. Vor diesem Hintergrund mögen wir den Wiesenpieper rührend finden, der dem jungen Kuckuck selbstlos Flugunterricht erteilt – dabei zieht er nur jenes Unterrichtsprogramm durch, das in diesem Entwicklungsstadium eines Jungvogels eben fällig ist. Wer nicht fliegen kann, der ist verloren; von dieser Wahrheit ist der Wiesenpieper durchdrungen, und von ihr lässt er sich leiten. Dem Kuckuck, der so viel Fürsorge aus unserer Sicht gar nicht verdient hat, tut er damit zweifellos einen Gefallen, in Wirklichkeit aber waltet hier eine trockene und unsentimentale Vernunft, die unablässig und ausschließlich darauf abzielt, die Überlebenschancen zu verbessern. So gesehen erweisen sich auch Möwen, die andere Gelege ausrauben, als gute, fürsorgliche Eltern.

Wahr ist auch: Wir Menschen bewegen uns geistig und emotional in einem anderen Wertegefüge. Dennoch möchte ich widersprechen: Auch im Vorgehen der Möwen erkenne ich durchaus ein moralisch abgestuftes Verhalten, denn im Normalfall tasten sie die Gelege anderer Arten nicht an. Erst wenn eine Ausnahmesituation vorliegt, wenn der Druck durch unerbittlich bettelnde Küken zu groß geworden ist, besinnen sie sich auf ihr Recht des Stärkeren und überfallen ihre Nachbarn. Und den letzten Schritt, nämlich innerhalb der eigenen Art zu räubern, tun sie nur aus Verzweiflung, notgedrungen und als ultima ratio.

Erkennen wir hier nicht doch ein Grundmuster moralischen Verhaltens? Verurteilen wir nicht erst dann, wenn niedrige Beweggründe vorliegen? Und wenn wir tatsächlich nicht so weit gehen wollen, Tieren ein moralisches Empfinden zu unterstellen, müssen wir doch zumindest einräumen: Habgier, Gehässigkeit und Mordlust beobachtet man in der Natur nicht. Das kennen wir nur von der eigenen Art.

25
VOM GLÜCK DER LEICHTIGKEIT

Siebzehn lehrreiche Jahre auf Memmert prägen natürlich. Es ist die Insel, die mein Zeitgefühl bestimmt und deren Freiheit ich täglich atme, es sind meine Mitbewohner, die mich als Zaungast an ihrem Leben teilhaben lassen und mir täglich ihre Lebensregeln, ihre Überlebensklugheit näherbringen. Einen Großteil meiner Zeit hier habe ich mit erholsamem Staunen zugebracht. Gleichwohl soll keiner glauben, ich sei der menschlichen Gesellschaft restlos entwöhnt.

Denn alle vierzehn Tage bin ich an Land, in meinem Dorf, bei meiner Familie, bei meinen Freunden, und gelegentlich kommt meine Frau zu Besuch, stockt meine Lebensmittelvorräte auf, hilft bei der Arbeit und demonstriert mir, dass der Haushalt des Inselvogts mit noch größerer Sorgfalt geführt werden könnte. Sie liebt die Insel nicht weniger als ich, und im August und September bewirtet sie hier vorm Schuppen die Besuchergruppen, die mit der *Wappen von Juist* auf vom Juister Nationalpark-Haus organisierten Touren herüberkommen.

Für Touristen ist Memmert ja recht anstrengend. Es sind überwiegend ältere Herrschaften, Stadtmenschen zumeist, die sich mit ihrem Memmertbesuch auf eine kleine Expedition einlassen. Da heißt es, sich auf schmalen Trampelpfaden oder losem Sand durchs Gelände zu bewegen und währenddessen immer wieder stehen bleiben, immer wieder zuhören zu müssen – sechs bis sieben Stunden dauert das Ganze, Hin- und Rückfahrt eingeschlossen, da freut man sich, an der letzten Station vor dem Schuppen von meiner Frau mit frisch gebrautem Kaffee und selbst gebackenem Kuchen empfangen zu werden. Wer weiß, ob sonst jeder die Insel mit positiven Gefühlen verlassen würde? Schließlich machen sich die Vögel in diesen Tagen rar, denn die Brutzeit ist vorüber, und die großen Rastvogelscharen befinden sich weit draußen auf den frei liegenden Watten zwecks Nahrungssuche. Doch Kaffee und Kuchen, von meiner Frau serviert, dürfte meine Besucher für das Entgangene entschädigen.

Aber ein Partymensch und Liebhaber von Fiestas kann er doch nun unmöglich sein, der Inselvogt? Dazu will ich nur eins sagen: Wer sich mich nicht beim Karneval auf Lanzarote vorstellen kann, den muss ich enttäuschen.

Ich bin gern auf Lanzarote. Viermal war ich da, weil eine Freundin meiner Frau an der Westküste ein schönes Gästehaus in einer ehemaligen Finca betreibt, und einmal geriet ich dort zufällig in den Karneval – den wir Norddeutschen nicht kennen und eigentlich auch nicht vermissen. Doch wenn ich sehe, was dann auf Lanzarote abgeht, bin ich dabei. Ich mag keinen Krawall, kein Dumpfbackengegröle – aber Ausgelassenheit und Fröhlichkeit? Bitte sehr, jederzeit!

In diesen Tagen stand ich am Tresen einer Bar, als jemand mit einer ausgewachsenen Kuh ankam, durch die Eingangstür die Stufen runter und über die Fliesen zum

Tresen, wo sich beide, Besitzer und Kuh, nebeneinander aufbauten. In Deutschland wäre er todsicher rausgeflogen. Er wäre mit seiner Kuh erst gar nicht reingekommen. Diese lanzarotenische Kuh aber durfte sogar ins Lokal strullen, ohne Protestgeschrei zu ernten. Wunderbar! Wenn schon, denn schon, und dann auch bitte total verrückte Welt! Irgendwann zogen die beiden weiter, vermutlich in die nächste Kneipe.

Dass Memmert mir trotzdem in Fleisch und Blut übergegangen ist, merke ich, wenn ich ans Festland komme. Die Zivilisation macht mich nervös. Ich bin empfindlicher und hellhöriger geworden. Ich erlebe überflüssige Aufregung und ärgere mich. Ich höre falsche Töne (die ich früher überhört hätte) und stutze. Hat sich bloß meine Wahrnehmung geschärft? Lernt man auf Memmert eben, klarer zu sehen und genauer hinzuhören?

Tatsache ist, dass ich nach all den Jahren auf dieser Insel meiner Intuition zu vertrauen gelernt habe. Gebrauchsanweisungen und bewährte Lösungen helfen auf Memmert oft nicht weiter. Hier muss man eher auf Zeichen achten, kaum wahrnehmbare Zeichen, und beinahe instinktiv darauf reagieren, also ein Gespür für das entwickeln, was gerade in der Luft liegt, was sich, ganz undeutlich noch, ankündigt oder abzeichnet. Wer das gelernt hat, wird feststellen: Intuition verleiht einem die selbstverständliche Sicherheit, wie man sie auch bei Vögeln beobachten kann – und diese Sicherheit ist, nach meiner Erfahrung, die Voraussetzung für ein Glück, das einem durch Leib und Seele fließt, das einen als Ganzes erfasst. Möglicherweise ist dies das Glück, das ich als Mensch mit den Vögeln gemeinsam haben kann – das Glück der Leichtigkeit.

Ich bin jedenfalls überzeugt: Wenn es gelingt, Wahrnehmung und Reaktion kurzzuschließen, wenn man sich also den Umweg über Denken und Nachdenken, Grübeln und Zweifeln sparen kann, dann kommt man der fraglosen, existenziellen Selbstverständlichkeit von Tieren sehr nahe. Ich stelle mir vor, dass sie in dem beglückenden Gefühl leben, zu können, zu wissen und jeder Situation gewachsen zu sein. Wenn das so ist, dann kennen sie weder Sorgen noch Niedergeschlagenheit, dann wissen sie nichts von jener Unsicherheit, die uns Menschen lähmt und bedrückt. Dann fühlen sie sich wirklich in jedem Augenblick ihres Daseins frei.

Als Mensch muss man sich diese instinktive Sicherheit erst erarbeiten. Ich habe damit früh angefangen und will ein ganz banales Beispiel aus meiner Zeit als Autonarr beisteuern.

Da mir viel an einem blinden Vertrauen zwischen Fahrer und Fahrzeug lag, musste ich jedes neue Auto zunächst kennenlernen und ausprobieren – wie reagiert es auf Glatteis, bei Schnee, auf nasser Fahrbahn? Folglich habe ich auf sicheren Strecken immer wieder Gefahrensituationen simuliert – wenn jetzt überraschend ein Wagen von rechts käme, wie könnte ich einen Zusammenstoß vermeiden? Durch Vollbremsung? Lenkrad herumreißen? Stotterbremse? Oder Handbremse ziehen? Irgendwann waren mir die richtigen Reaktionen in Fleisch und Blut übergegangen, aber bis dahin musste geübt und simuliert werden.

Eines Wintermorgens fahre ich zum Amt. Es hat geschneit, trotzdem biege ich mit Schwung in den Parkplatz ein, komme ins Rutschen, rausche auf das Fahrzeug eines Kollegen zu, und ohne eine Sekunde zu zögern, ohne nachzudenken, automatisch, mache ich das, was ich zigmal zuvor geübt habe – mit dem Ergebnis, das ich wenige Zentimeter vor dem Auto des anderen tatsächlich zum Stehen komme. Glück gehabt? Nein, sondern blitzschnell automatisch das Richtige getan. Man kann sein Unterbewusstsein eben so programmieren, dass es selbstständig arbeitet und im entscheidenden Moment die Regie übernimmt.

Also: Wenn einen schwierige Situationen nicht unvorbereitet treffen sollen, muss man zunächst etwas riskieren. Sich probeweise in Gefahr bringen. Sich mit prekären Situationen vertraut machen. Dann stellt sich auch beim Menschen jene Sicherheit ein, von der ich vermute, dass sie das Lebensgefühl der Tiere ausmacht.

Und noch eins. Als Zusammenfassung dessen, was Meeresrauschen und Vogelkreischen (die Einsamkeit nicht zu vergessen!) aus einem Menschen machen können.

Die Zeit, als Wünschen noch geholfen hat, ist für mich noch nicht vorbei. Man kann sein Schicksal durch Wünsche beeinflussen, denn Wünsche haben Kraft. Ich jedenfalls staune immer über glückliche Fügungen und hatte häufig Grund zu staunen. Wie oft habe ich erlebt, dass ich plötzlich zur rechten Zeit zur rechten Stelle war, am Schnittpunkt verschiedener Schicksalslinien, am Ort der größten Energie …

Aber dazu gehört die Erkenntnis, dass sich die Dinge fügen, ohne dass man mehr dazu beiträgt, als tief im Herzen zu wünschen. Wir sind in der Lage, unserem Schicksal nachzuhelfen, ohne verbissen auf ein Ziel hinzuarbeiten, ohne etwas erzwingen zu wollen, weil es eine Kraft gibt, die uns trägt, die es gut mit uns meint, die aber nur zum Zuge kommt, wenn wir uns dieser Kraft bewusst sind. Planung ist nur ein kleiner Teil des Lebens. Man kann nicht alles planen, man *darf* aber auch nicht alles planen.

Gewiss, planvolles Vorgehen ist im Einzelfall, im Kleinen, wichtig. Doch seitdem ich auf der Insel bin, lege ich mich zum Beispiel nicht mehr auf einen bestimmten Tagesablauf fest. Ich lasse die Dinge auf mich zukommen, reagiere dann und füge mich in diesen viel größeren Zusammenhang aus Naturkräften ein, dem ich hier ausgesetzt bin. Das musste ich anfangs lernen. Vom Festland her war ich gewöhnt, auf Tage hinaus zu planen und mein Programm auch durchzuziehen. Ich kam aus der Regelmäßigkeit, es gab Aufträge, es gab ein Arbeitspensum, ich musste Erwartungen erfüllen, und alles war kalkulierbar, die Umstände wie auch ich selbst.

Aber hier bestimmt die Natur. Mein Leben richtet sich nach der Witterung, den Gezeiten, der Windstärke und dem Lebensrhythmus der Vögel. Ich habe hier nicht das Sagen. Es ist ein Leben ohne jedes Raster, und ich bin froh, auf der Insel damit Bekanntschaft gemacht zu haben. Jeder Tag ist neu, jeder Tag ist anders, ich muss jederzeit mit Überraschungen rechnen, und ich freue mich darauf. Mit anderen Worten: Memmert ist ein Ort, an dem die Neugier nie versiegt – und die Gedanken wirklich frei sind.

26
KRAWALL AUF MEMMERT

Vielleicht sollte ich mich besser erst mal auf der Insel umhören, bevor ich Behauptungen aufstelle, aber ... Meine Mitbewohner werden sich auf Memmert wie in einem vierzehnstöckigen Mietshaus vorkommen, einem Wohnblock mit hundertfünfzig Parteien; kein Plattenbau allerdings, schon was Edleres. Da gibt es die Masse der Unauffälligen und Verträglichen, über die nie Klagen laut werden, da gibt es aber auch die notorischen Schelme, Rüpel und Radaubrüder, die immer wieder zu Beschwerden Anlass geben. Es gibt Leute, denen man gern auf der Treppe begegnet, und solche, die man schon lange nicht mehr grüßt. Und es gibt welche, von denen man sich schlimme Geschichten erzählt und denen man besser ganz aus dem Weg geht. Wie überall, wo viele auf relativ engem Raum zusammenhocken, ist man einander auch auf Memmert nur bedingt grün, aber das wissen Sie ja, ein paar Störenfriede habe ich bereits vorgestellt. Doch jetzt kommt die ganze Wahrheit.

Wenn wir auf der Beliebtheitsskala ganz unten anfangen, begegnen wir als Erstes (immer aus der vermutlichen Sicht meiner Mitbewohner) dem Wanderfalken und seinen Vettern, den Turmfalken, die zwar drüben auf Juist nisten, aber gern mal zu einem gemeinsamen Jagdausflug herüberkommen. Über den Falken ist zwar aus gegebenem Anlass schon manches gesagt worden, aber längst nicht alles.

Natürlich gibt es grundsätzlich immer durchsetzungsfähige Vögel und solche, die auf der Hut sein müssen. Aber wenn der Wanderfalke seine Kreise zieht, gehen alle Singvögel in Deckung. Sollte da jemand gesungen haben, verstummt er augenblicklich. Dann herrscht unter den Harmlosen und Verträglichen die nackte Todesfurcht. Jeder weiß: Der schnellste Vogel der Welt, schneller als die Fallgeschwindigkeit. Er schlägt seine Beute im Flug, er schlägt selbst Tauben, die seine Körpergröße haben, und trägt sie auch noch zu seinen Jungen ins Nest. Je kleiner ein Greifvogel, desto kleiner seine Beute, heißt es, aber nicht einmal an diese plausible Regel hält der Falke sich.

Nehmen wir den um ein Vielfaches größeren Bussard: Er ernährt sich von Mäusen. Der Wespenbussard begnügt sich sogar mit Insekten. Die etwas schlankere Rohrweihe geht auf junge Kaninchen, was der Bussard nur in Ausnahmefällen tut, verschmäht aber auch die Küken anderer Vögel nicht. Der bloß taubengroße Wanderfalke hingegen …

Wenn ich die Insel ablaufe, stoße ich hier und dort auf Rupfungen. Da liegen die Überreste von Beutevögeln am Boden, deren Daunengefieder mit scharfem Schnabel ausgerupft wurde, um an das nahrhafte Brustfleisch zu kommen. Anhand des Schnabels und der Flügel lassen sich die Reste des Vogels identifizieren, der hier am Boden verarbeitet wurde. Ich weiß also, wer da zu Tode gekommen ist, ich weiß aber auch, wer der Jäger war. Bei Vögeln bis zur Größe eines Austernfischers kommt immerhin noch eine Weihe als Täter in Betracht. Bei größeren Beutevögeln aber kann ich sicher sein, dass der Wanderfalke dahintersteckt, denn dieser kleine Kerl wagt sich an Vögel heran, die ihn an Körpergröße um ein Mehrfaches übertreffen.

Es ist unglaublich: Ich habe sogar schon zerlegte Brandgänse gesehen. Vögel dieses Kalibers findet man auf dem sogenannten Huderplatz, der von den Eltern eingerichtet wird, sobald die Küken des Wanderfalken groß genug sind, das Nest zu verlassen. Dort werden sie mit dem Fleisch der Beutetiere gefüttert, und wie man sich vorstellen kann, hält so eine Brandgans eine gute Weile vor.

Je kleiner der Jäger, desto kleiner die Beute? Ja, große Vögel wie Löffler und Kormoran sind tatsächlich fein raus, die überfordern selbst den Falken, doch nicht einmal Gänse dürfen sich vor ihm sicher fühlen. Es gibt aber Vögel, sehr viel kleinere, die selbst einen derart genialen Jäger wie den Falken in Verlegenheit bringen können. Alle Vögel nämlich, die Schwärme bilden.

Der Schwarm ist praktisch eine Lebensversicherung. Ich habe selbst beobachtet, wie ein Falke in einen Alpenstrandläuferschwarm hineinschoss und mit leeren Krallen herauskam. Hier nützt ihm auch seine Schnelligkeit nichts mehr. Wenn ein Schwarm von 20 000 Vögeln gleichzeitig aufsteigt, verliert der Falke den Überblick. Die hin und her flutende Masse irritiert ihn, er schafft es nicht, sich auf einen Vogel zu konzentrieren, er weiß nicht mehr, wo er hingucken soll, verliert den Kopf und greift daneben. So ein Schwarm macht ihn regelrecht schwindelig, und in den seltensten Fällen gelingt es ihm, einen Vogel herauszuschnappen. Deshalb sind viele

Vogelarten in Schwärmen unterwegs; sobald sie im Brutgebiet ankommen, ziehen sie sich dann auseinander. Fische machen es genauso, aus demselben Grund.

Nun soll keiner glauben, die Greifvögel auf Memmert könnten nach Belieben schalten und walten, weil die verträglichen Bewohner dieses großen Mietshauses sich alles bieten lassen würden. Keineswegs. Auch die Seeschwalben sind nicht lammfromm, auch die Austernfischer haben Haare auf den Zähnen. Wiesenpieper sind natürlich einfach zu klein, um Gefährlichkeit auszustrahlen, aber Seeschwalben greifen bisweilen selbst Menschen an, und Austernfischer lassen sich sogar mit Großmöwen und Bussarden ein, die nun wahrhaftig nicht zimperlich sind. Aber wie ungemütlich ein normalerweise harmloser Vogel werden kann, das ist – um einen gewagten Ausdruck zu benutzen – nicht zuletzt eine Charakterfrage.

Auch andere Vögel besitzen spitze Schnäbel, trauen sich aber nicht. Es gibt auf Memmert buchstäblich alle Gemütslagen, von gemütlich-zurückhaltend-ängstlich bis hin zu selbstbewusst-rabiat-aggressiv, unabhängig von Körpergröße und anatomischer Ausstattung. Wie ein Vogel drauf ist, sieht man ihm also nicht unbedingt an, wobei man allerdings sicher sein darf: Was Krähen und Möwen angeht, gibt es kein Vertun. Die rangieren auf der Beliebtheitsskala nur knapp über dem Wanderfalken.

Um kurz auf die Krähe einzugehen: Es gibt wohl überhaupt keinen Vogel, vor dem eine Krähe Respekt hat. Ich weiß das, weil es in manchen Jahren fünf Brutpaare auf Memmert gibt. Krähen sind nicht nur ungemein wendig, sie besitzen auch ein derartiges Selbstbewusstsein, dass sie es mit jedem aufnehmen, den sie für einen Spitzbuben halten – auf Memmert lassen sie sich regelmäßig auf Luftkämpfe mit dem Bussard und den Rohrweihen ein, anderswo knöpfen sie sich selbst Geier vor. Extrem allergisch reagieren sie, kurz bevor ihre Jungen flügge werden; dann braucht sich eine Rohrweihe nur von Weitem ihrem Nest zu nähern, schon wird sie abgedrängt und verjagt. Für Greifvogel müssen Krähen eine Plage sein.

Und dann hätten wir noch die Möwen. Ein unerschöpfliches Thema. Sie sind natürlich die wahren Hausherren auf Memmert. Man traut sich kaum, über die Möwe etwas Gutes zu sagen, dabei hätten es die anderen Vögel sehr wohl schlechter treffen können. So ungemütlich lebt es sich unter den Möwen nämlich gar nicht, auch wenn sie ihre erdrückende Überzahl von Zeit zu Zeit rücksichtslos ausnutzen. Sie können es sich halt leisten, doch gemessen an ihrer tatsächlichen Stärke machen sie, wie ich finde, relativ sparsamen Gebrauch von ihrer Überlegenheit.

Natürlich legen sie ein Herrschaftsgebaren an den Tag. Oft äußert es sich aber in Verteidigungsmaßnahmen gegen Eindringlinge, die auch anderen Vögeln zugutekommen. Möwen sind nämlich bestens organisiert, und ihre Angriffe erfolgen koordiniert wie abgesprochen: Aus dem Pulk von Vögeln, die über dir ein akustisches Trommelfeuer inszenieren, stoßen einzelne Tiere heraus und greifen dich im Tiefflug von hinten an, was die Begegnung mit einer erbosten Möwe regelrecht unheimlich macht.

Doch so weit kommt es auf Memmert selten. Im Vergleich zu den Großmöwen anderer Regionen führen sich die hiesigen sehr zurückhaltend auf. Ernsthaft behelligt worden bin ich von ihnen noch nie, und was das Erstaunlichste ist: In immerhin siebzehn Jahren habe ich nur wenige Streifschüsse abgekriegt – womit ich bei ihrer Spezialwaffe wäre: einer gezielt abgefeuerten Ladung Kot.

Es ist ja ohnehin unglaublich, wie viel so ein Vogel kotet. Das gilt für alle Vogelarten. Auch die Süßwassertümpel auf Memmert kippen im Sommer um, weil zu viel Kot in sie gelangt. Aber Möwen können auch gezielt abkoten, um Eindringlinge zu verjagen, und sie treffen, weil sie sogar den Wind ausnutzen und die Windrichtung berechnen. Dazu eine letzte Geschichte.

Einmal hatte ich einen jungen Mann, einen Zivi aus Juist, als Helfer bei der Großmöwenerfassung engagiert. Es herrschte wunderbares Wetter, fünfundzwanzig Grad, ich war in kurzer Hose und Sandalen unterwegs, und was sehe ich? Der junge Mensch zieht sich einen Regenponcho an und obendrein die Kapuze über den Kopf. »Du schwitzt dich ja tot«, sage ich, und darauf er: »Lieber schwitzen, als zugeschissen werden.«

»Hier scheißt dich keiner zu. Wir sind auf Memmert, meine Möwen sind harmlos.«

»Nein. Die haben es immer und überall auf mich abgesehen.«

»Wie bitte?«

»Ja! Wo immer ich auftauche, schießen sie sich auf mich ein.«

»Kann ich mir kaum vorstellen. Na ja, du musst es wissen …«

Und er wusste es. Wir betreten die Kolonie, schreiten das Gelände parallel ab, und tatsächlich, es geht Schlag auf Schlag – gut gezielt, gut getroffen. Der arme Kerl wird von allen Seiten bespritzt, regelrecht beschossen und ist wenig später grünweiß gesprenkelt. Das kann doch nicht wahr sein! Da beballern ihn meine harmlosen Möwen, während ich nicht einmal eine Mütze brauche!

»Okay«, sage ich, »verstanden.«

Aber wie ist das möglich? Wie kann ein Mensch bei den Möwen dermaßen in Ungnade fallen – und zwar bei allen, egal wo? Obwohl er ihnen nie zuvor über den Weg gelaufen ist? Es wird sein Geheimnis – oder ein unlösbares Rätsel bleiben.

Gut. Ganz oben auf der Beliebtheitsskala des Miethauses Memmert wird natürlich der Löffler stehen, der sozusagen dazu verdammt ist, sein Dasein unter lauter Gesindel zu fristen, sich aber weiterhin der Etikette seines erhabenen Standes verpflichtet fühlt und Haltung bewahrt, egal was geschieht ... Um aber das Kapitel Krawall auf Memmert zum Abschluss zu bringen: Friede, Freude, Eierkuchen ist auf Memmert nun mal nicht angesagt. Bei rund 11 000 Brutvogelpaaren und bis zu 150 000 Rastvögeln auf einer Insel von drei mal vier Kilometern Fläche kann es unmöglich jederzeit beschaulich zugehen. Aber alles in allem kommt doch jeder einigermaßen zurecht, jeder weiß sich irgendwie zu helfen, Verluste werden in Kauf, aber keineswegs immer kampflos hingenommen. Jedenfalls wachsen selbst den Stärksten und Gefährlichsten die Bäume nicht in den Himmel – würden meine Mitbewohner sonst immer wieder zurückkommen?

27
BEDROHTES PARADIES

Wenn ich jetzt, gegen Ende, noch einmal auf den Inselvogt zurückkommen darf ... Grundsätzlich ist es so: Manches ist mir verboten, obschon ich es gern machen würde. Einiges will ich gar nicht machen. Und vieles muss ich machen. Beginnen wir mit Letzterem.

An der Seitenwand meines Schuppens sieht es aus wie beim Fischer hinterm Haus. Dort stapelt sich die Hinterlassenschaft eines belgischen Fischtrawlers, der im Sturm vor der englischen Küste gesunken ist: hundert Fischkisten aus Kunststoff, alle mit der Aufschrift »Zeebrugge-Oostende-Nieuwport Eigendom Z19 Rederij Sonja«. Ich entdeckte sie eines Tages am Strand, über seine ganze Länge verstreut, nur dass sie nicht einfach so herumlagen – sie waren eingesandet. Jede einzelne dieser weiß-gelb-blauen Kisten musste mit dem Spaten ausgegraben, alle nach und nach portionsweise am Strand gestapelt und später in etlichen Fuhren mit der Schubkarre zum Haus gefahren werden.

Merkwürdig, dass sie ausgerechnet auf Memmert gestrandet waren. Auf einer Insel mit offenem Nordseezugang passiert so etwas häufiger, aber Memmert liegt unterhalb der friesischen Inselkette. Nun ja, so merkwürdig ist es auch wieder nicht. Es findet ja allerhand seinen Weg an die Gestade von Memmert und verunziert dann den Strand, wird womöglich den Vögeln zum Verhängnis. Klar, dass einer die angeschwemmten Fundsachen wegräumen muss. Deshalb rücke ich alle zwei Wochen zur Spülsaumkontrolle aus und laufe den Strand ab, schaue nach, was die See ausgespuckt hat, stopfe alles in große Plastiksäcke, deponiere sie flutsicher hinter den Dünen und warte, bis das Landungsboot kommt und den ganzen Kram abholt.

Und was liegt am Strand so alles herum? Kadaver von Vögeln und Meeressäugern sind eher selten. Meistens ist es Müll wie Plastikflaschen, Klobürsten, zerfetzte Plastiktüten und Fischereiutensilien wie Netz- und Taureste oder orange Gummihandschuhe, die ich für die Wegmarkierung auf Memmert benutze. Dann herzförmige Plastikballons, wie sie Leute auf Partys steigen lassen, sowie Begräbniskränze von Seebestattungen, die den Urnen nachgeworfen werden. Dann Flaggen und Rettungsringe von polnischen, englischen oder dänischen Schiffen, die ich im Schuppen oder an den Pfosten der Wäscheleine aufhänge, weil sie eine Geschichte haben und meinem Anwesen zur Zierde gereichen. Außerdem Klappstühle. Ich besitze mittlerweile eine umfängliche Garnitur von vierzig Klappstühlen aus edlem Holz, vom Seewasser getränkt und dadurch imprägniert und beinahe unverwüstlich – genug, um allen Besichtigungsgästen im Spätsommer am Ende der Tour eine standesgemäße Sitzgelegenheit anbieten zu können. Früher, als noch die russischen Müllfrachter Emden oder Eemshaven anliefen, kamen Kühlschränke, Sofas, Fernsehgeräte, Computerbildschirme und Lkw-Teile dazu, alles schon auf dem Rückweg von den Besatzungen aussortiert und über Bord geworfen. Man staunt, dass so was schwimmen kann.

Und dann wäre da obendrein, um diese unvollständige Sammlung abzuschließen, der Inhalt abgestürzter Container. So waren 2019 zum Beispiel dreihundertzweiundvierzig der insgesamt achttausend Container des Superfrachters MSC ZOE in schwerer See vor Holland über Bord gegangen. Den anschließenden gerichtlichen Untersuchungen nach waren alle Container ordentlich verzurrt gewesen, aber offenbar hatten die Halterungen dem Druck nicht standgehalten; die vierhundert Meter lange ZOE hatte zu rollen begonnen, die Container waren ins Rutschen gekommen, die Halterungen hatten nachgegeben, und dann waren sie zu Hunderten ins Meer gekippt.

Viele müssen beim Sturz aus großer Höhe aufgesprungen sein, und eines Tages fing es an. Ich entdeckte Decken, Militärspielzeug und die bereits erwähnten Klappstühle am Strand von Memmert sowie etwas, das sich als wahre Pest entpuppte: halbkugelförmige Buchsbaumattrappen aus Plastik in diversen Größen, mit denen man eine Buchsbaumhecke aus Kunststoff in seinem Garten oder in der Hotelhalle formen kann. Diese Kunststoffteile werden porös und zerfallen, wenn sie mit UV-Strahlung und Salzwasser in Berührung kommen, mit dem Ergebnis, dass sie sich in Millionen kleiner Plastikkrümel verwandeln, die vom Wind über die ganze Insel verteilt werden – es sei denn, der Inselvogt macht sich umgehend daran, den ganzen Mist aus den Gräsern zu kratzen und in zahllose Plastiksäcke zu füllen, bevor er zerbröselt. Zum Glück hat mich meine Frau tatkräftig unterstützt.

Ich könnte mir meine Trauminsel paradiesischer vorstellen. Und die ZOE ist ein Fass ohne Boden. Bei jeder Sturmflut werden die versunkenen Container neuen Müll auswerfen. Da unten warten ja noch Hunderte, und wer weiß, was noch alles ans Tageslicht kommen wird. Dass diese Container aus neunzig Metern Tiefe geborgen werden, damit ist jedenfalls nicht zu rechnen.

Aber kommen wir auf den tieferen Sinn der Spülsaumkontrolle. Er besteht darin, die Anzahl und die Art der toten Vögel und Meeressäuger zu erfassen, weil ihre Kadaver einen Hinweis auf drohende Gefahren oder Unfälle liefern können. Zwei Vogelarten sind in diesem Zusammenhang von besonderer Bedeutung: die Trottellumme und der Basstölpel. Beide Arten gelten als Zeigeart, weil sie auf je unterschiedliche Bedrohungen hinweisen können.

Eine tote Trottellumme kann auf eine Ölverschmutzung hindeuten. Dieser Vogel brütet auf Helgoland, verbringt einen Großteil seines Lebens im oder auf dem Wasser, in diesem Fall der offenen Nordsee, und kommt aufgrund seiner Lebensweise eher als andere Vögel mit Öllachen oder Ölteppichen in Berührung. Öl im Gefieder macht der Trottellumme zwar nicht viel aus, daran stirbt sie noch nicht, doch irgendwann putzt sie ihr Gefieder, schluckt das Öl und verendet. Dann habe ich diesen Vogel womöglich hier am Spülsaum liegen und darf den Kadaver akribisch auf Ölspuren untersuchen.

Der Basstölpel hingegen ist ein Indikator für Müll. Um den Zusammenhang verständlich zu machen, muss ich genauer auf seine Lebensweise eingehen. Im Übrigen hat ein faszinierender Vogel wie der Basstölpel ein paar Zusatzbemerkungen verdient.

Als Felsenbrüter nistet der Basstölpel ebenfalls auf Helgoland. Seinen Namen hat er zum einen Teil von einem säulenartigen Felsen in Schottland, dem Bass Rock, und zum anderen von seiner früheren Gutmütigkeit, die ihm bei portugiesischen Seeleuten die Bezeichnung Bobo eingetragen hat, was Dummkopf oder eben Tölpel heißt – das Tier war nämlich seinerzeit so zutraulich, dass es sich mit der Hand fangen ließ. In Wirklichkeit haben wir es hier aber mit einem ganz besonderen Vogel zu tun, wofür schon sein Erscheinungsbild spricht: weiß gefiedert, gänsegroß, mit der gewaltigen Spannweite von hundertachtzig Zentimetern und einem bis zu elf Zentimeter langen Schnabel – vorn mit einem Haken bewehrt und innen gezahnt –, der dem Basstölpel dieselben Dienste leistet wie eine Harpune. Wenn er Fische jagt, stürzt er sich mit über 100 km/h ins Wasser, taucht bis zu dreißig Meter tief ein und bewegt unterdessen seine Flügel weiter wie im Flug. Hat er seine Beute geschnappt, taucht er mit seinem Unterwasser-Flügelschlag wieder auf, schüttelt sich an der Oberfläche kurz und hebt sofort ab. Es gibt Dokumentarfilme darüber, die einen zu ehrfürchtigem Staunen bringen.

Nun, zurück zum Müll. Es kann natürlich sein, dass in seinem Seegebiet manches herumschwimmt, was ein Schiff verloren hat, Schnüre oder Netzreste zum Beispiel, die der Tölpel irrtümlich für Beute hält. Bei seinem üblichen Sturzflug könnte sich der schwimmende Müll um seinen Schnabel wickeln, und wenn er das Zeug nicht mehr loskriegt, verhungert er und wird unter Umständen ebenfalls hier angespült.

Beides aber, Öltod und Mülltod, beobachte ich sehr selten, weil die Überwachung des Meeres, vor allem aus der Luft, über die Jahrzehnte stark verbessert wurde. Auch die Ölteppiche, früher gang und gäbe, sind stark zurückgegangen. Damals haben Tanker ihre Tanks vor der Küste ausgespült und das verdreckte Wasser in die Nordsee geleitet – heute lässt sich ein größerer Ölteppich dank moderner Überwachungstechnik einem bestimmten Schiff zuordnen, und die Schiffseigner sind vorsichtiger geworden.

Jetzt kurz zu dem, was mir verboten ist, auch wenn ich es gern machen würde. Darunter fällt, wie früher schon erwähnt, jeder eigenmächtige Eingriff in das Gesicht der Insel, ihre Topografie, ihr Erscheinungsbild, denn Memmert ist auch für mich tabu. Wenn es nicht gerade unter meine amtlichen Pflichten fällt, darf ich hier praktisch überhaupt nichts – Zelten ist verboten, offenes Feuer machen ist verboten, neue Teiche anlegen ist verboten, überhaupt ist alles verboten bis auf Zuschauen. Es ist also müßig, sich kreativen Überlegungen zur Umgestaltung der Insel hinzugeben, auch wenn ich mich solcher Fantasien nicht immer erwehren kann und von einem weiteren Dünendamm zum Schutz des Hauses oder neuen Süßwasserflächen für Wasservögel zur Steigerung der Artenvielfalt träume.

Aber Memmert ist eben kein Freiluftzoo. Das höchste der Gefühle sind Sandfangzäune aus organischem Material, um die Randdünen zu stabilisieren, denn dieser behutsame Eingriff liegt im Interesse des Küstenschutzes und damit im Interesse aller – Memmert dient ja auch als Wellenbrecher für die ostfriesische Festlandsküste, aus diesem Grund muss jedem Küstenbewohner daran liegen, dass diese Insel erhalten bleibt. Aus Sicht meiner Mitbewohner sähe die Sache natürlich etwas anders aus. Die hätten nichts gegen weitere Süßwasserteiche im Inselinneren einzuwenden, wie ich sie kenne ... Und damit zum letzten Punkt.

Was ich gar nicht machen will? Ein heikles Thema, denn jetzt kommen moralische Erwägungen ins Spiel. Jetzt geht es um die Frage, wie ich mich angesichts von kranken oder verletzten Vögeln verhalte. Kümmere ich mich darum, pflege ich sie gesund?

Offen gesagt, nein. In aller Regel nicht. Wenn ein Tier keine Überlebenschance hat, erlischt mein Mitgefühl und ich entferne mich rasch. Dann tue ich so, als gäbe es den Inselvogt von Memmert gar nicht, und überlasse es jenem Schicksal, das Tiere überall sonst in der Wildnis erwartet. Aber nicht aus Gefühllosigkeit. Dass ich mich so verhalte, ist vielmehr die Lehre, die ich aus einer irritierenden Begebenheit in meiner Anfangszeit gezogen habe.

Damals fand ich eine Möwe mit gebrochenen Beinen. Ihre Flügel waren intakt, zu fliegen vermochte sie trotzdem nicht, denn dazu muss ein Vogel erst auf die Beine kommen. Da nichts zu machen war, habe ich sie mit dem Spaten erschlagen. Aus Mitleid. Wohl war mir dabei nicht. Nachher hielt ich mir zugute, ihr Leiden verkürzt zu haben. Aber hätte ich sie fragen können, was hätte sie mir geantwortet? Erschlag mich!? Oder nicht vielmehr: Lass mich in Ruhe, mein Schicksal geht dich nichts an! Vermutlich Letzteres. Seither gehe ich jedenfalls bei einem schwer verletzten Vogel schnell weiter.

Ausnahmen kommen jedoch vor. Einmal habe ich einen Basstölpel von Tauresten am Schnabel befreit. Er war noch so weit bei Kräften, dass er anschließend abheben konnte, hat sich vorher allerdings vehement gegen meine Hilfsaktion gesträubt und alles getan, um sie zu verhindern. Ein Vogel versteht nicht, was ich mit ihm vorhabe; mir aber ist zumindest eines klar: Durch diesen Akt der Barmherzigkeit verdopple ich seine Todesangst.

Ein anderes Mal fand ich eine völlig entkräftete Rohrweihe, ein erwachsenes Weibchen. Ich habe sie auf einem Hügel abgesetzt in der Absicht, ihr das Abheben zu erleichtern – was hätte ich sonst tun können? Auch diese Rohrweihe hatte panische Angst vor mir und dachte gar nicht daran, das Futter anzurühren, das ich ihr hingestellt hatte. Zwar ist sie nach einer Weile endlich aufgeflogen, aber zu ihrem weiteren Schicksal kann ich nichts sagen, es ist mir unbekannt.

Letztendlich bin ich zu dem Schluss gekommen: Memmert ist wilde Natur, und die Natur ist so organisiert, dass der Schwache schlechte Karten hat. Also lasse ich den Dingen ihren Lauf und greife nur dann noch ein, wenn ich mit geringem Aufwand viel erreichen kann. Einem Vogel mit gebrochenem Flügel aber erspare ich die Todesangst, die er verspürt, wenn ich ihn einfange. Ich erspare sie ihm schon deshalb, weil sich seine Panik auf mich überträgt, wenn ich ihn in meinen Händen halte.

28
KAPITEL FÜR ALLES,
WAS BISHER ÜBERSEHEN WURDE

Erstens habe ich glatt vergessen, ein Wort über den Geschmack von Möweneiern zu verlieren. Dies und anderes soll hier nachgeholt werden.

Ein einziges Mal habe ich mir erlaubt, das Ei einer Heringsmöwe zu kosten, um mir ein Urteil erlauben zu können, und muss sagen: Möweneier schmecken nach Fisch. Kein Wunder, aber ebendeshalb nicht mein Fall. Es gibt jedoch alte Insulaner, die sich (vermutlich nicht nur) in Notzeiten gern solcher Eier bedient haben, die diesen Geschmack gewöhnt sind, und wenn man damit aufwächst, schmecken Möweneier vielleicht super. Unbedenklich ist der Verzehr von Möweneiern heute ohnehin, nachdem die offenen Mülldeponien auf den Inseln und am Festland abgeschafft wurden. Trotzdem: Für mich ist es bei diesem einen Mal geblieben.

Es spinnen sich um die Möweneier aber noch andere Geschichten. Nicht nur, dass dem Vernehmen nach bis in die Sechzigerjahre hinein ganze Schulklassen vom Festland für ein paar Tage auf die Insel kamen, offiziell, um Küstenschutzmaßnahmen durchzuführen, inoffiziell und ganz nebenbei aber wohl auch, um Möweneier für ihre

Familien daheim zu sammeln – in den Siebzigerjahren kam es auch zum Aufleben eines sogenannten Möwenlenkungsprogramms, das in Wirklichkeit ein Möwendezimierungsprogramm war und mit seinen möwenfeindlichen Absichten bei den Eiern ansetzte.

Ich muss vorausschicken, dass die Großmöwen seinerzeit überhandnahmen und andere Arten tatsächlich in ihrer Existenz bedrohten. Jedenfalls sah dieses Programm vor, Möweneiern per Spritze Gift zu injizieren, was auch gemacht wurde, mit dem Erfolg, dass sich die Küken nicht entwickelten und die Elterntiere im guten Glauben weiterbrüteten. Hätte man die Eier geklaut, wäre es rasch zu einem Nachgelege gekommen, so aber brütete die Möwe geduldig vor sich hin, bis sie irgendwann ratlos aufgab und nun keine Zeit mehr für ein Nachgelege hatte.

Das kann man gemein finden. Aber Tatsache ist: Damals sollen bis zu 14000 Großmöwenpaare auf Memmert gebrütet haben. Heute hat sich ihre Population bei 3500 Paaren eingependelt, das ist auch schon eine Menge, aber die Anwesenheit von 28000 erwachsenen Großmöwen muss für jeden kleineren Vogel auf Memmert der blanke Horror gewesen sein. Auch deshalb haben die ersten Inselvögte ein Auge zugedrückt, wenn der Wunsch an sie herangetragen wurde, ein Körbchen voll Möweneier sammeln zu dürfen. Das Möwenlenkungsprogramm wurde allerdings bald wieder eingestellt, und mir sind in der Möwenfrage natürlich die Hände gebunden, auch wenn das Übergewicht der Möwen nach wie vor zu Lasten anderer, seltener, womöglich gefährdeter Arten gehen kann.

Aber damit ist zum Thema Möwe auch wirklich alles gesagt. Deshalb zu Punkt zwei: Die Vegetation auf

Memmert und insbesondere die Bäume wurden bisher ebenfalls vernachlässigt. Diesbezüglich bin ich aber jetzt in der glücklichen Lage, die neuesten Zahlen mitteilen zu können: Aus einer Birke sind drei geworden! Darüber freue ich mich besonders, weil meine Urbirke, die erste und lange Zeit einzige der Insel, vor geraumer Zeit eingegangen ist. Sie steht draußen vor dem Dünendamm in der offenen, flachen Landschaft, machte dort häufiger ungewollt mit Salzwasser Bekanntschaft – bei schweren Sturmfluten stand ihr das Verderben bringende Salzwasser sogar bis zur Krone – und hat vor vier Jahren aufgegeben; nur das zerzauste Gerippe hält sich wie im Todeskampf begriffen noch aufrecht.

Sodann gibt es eine Pappel. Keine Säulenpappel allerdings, eine Schwarzpappel, doch zwischen beiden gibt es auf Memmert gar keinen sichtbaren Unterschied. Selbst eine Säulenpappel wäre hier keine auffallende Erscheinung, weil auch sie schwerlich die Zehn-Meter-Marke erreichen würde, dafür sorgt der ständige Wind; im Allgemeinen kommt keiner meiner Bäume über acht Meter hinaus. Außerdem habe ich einige Weiden, eine Eberesche und eine hübsche Anzahl von Erlen, die fast ein Wäldchen bilden und wie alle anderen Bäume hier in der Nähe des Hauses wachsen. Mit diesen Erlen habe ich etwas Sonderbares erlebt.

Alle Baumarten auf Memmert wurden von den Kaninchen verschont, nur die Erlen nicht. Mein Vorgänger musste sie mit einem Drahtgeflecht um die Stämme vor Verbiss schützen, und in meiner Anfangszeit war es genauso – Erlenschösslinge galten unter den Kaninchen als Leckerbissen. Irgendwann stellten die erwachsenen Erlen fest: Wir selber können hier zwar existieren, wohl aufgrund des freundlichen Herrn Schopf mit seinen Drahtgeflechten, für unsere Nachkommenschaft hingegen sieht es auf Memmert düster aus ... Wir müssen etwas unternehmen! Und schau an: Auf einmal blieben die Erlenschösslinge unangetastet! Kein Kaninchen vergriff sich mehr an ihnen. Da hatten die Erlen doch tatsächlich so lange experimentiert, bis sie einen Stoff entwickelt hatten, der bei Kaninchen schlecht ankommt. Inzwischen haben diese Schösslinge eine Höhe von respektablen vier bis fünf Metern erreicht, und Drahtgeflechte kann ich mir sparen, junge Erlen auf Memmert sind seither kaninchenresistent.

Natürlich fragt man sich, wie diese Bäume nach Memmert kommen. Wie überhaupt Pflanzen nach Memmert kommen, wo der Mensch hier doch weder etwas aussät noch anpflanzt. Da man in diesem Mikrobereich als menschlicher Beobachter nichts mitbekommt, kann ich nur Vermutungen anstellen: Entweder bringen die Vögel den Samen in ihrem Gefieder mit, oder er wird angespült. Wahrscheinlich beides. Immerhin ist es möglich, dass angeschwemmter Samen am Strand trocknet und dann vom Wind ins Inselinnere getragen wird. Wer es bis nach Memmert schafft und hier Fuß fasst, der hat jedenfalls die geeignete Stelle, den besten Platz für sich gefunden und damit gute Überlebenschancen. Diese Gewächse kommen durch, viel eher als Pflanzen, die unsereins einführen und einsetzen würde. Und damit zum dritten der übersehenen Phänomene.

Was man kaum glauben sollte – es gibt auf Memmert Tiere, die keine Vögel sind. Allerdings führen sie nicht nur ein Schattendasein, sie belaufen sich, zumindest was die Säugetiere angeht, auch nur auf ganze drei Arten, nämlich Kaninchen, Bisame und Mäuse. Vögel haben nichts von ihnen zu befürchten, alle sind im Wesentlichen Vegetarier, auch wenn Bisame sich gelegentlich an Muscheln, Krebsen und Wasserschnecken gütlich tun, deshalb können wir sie im Grunde übergehen, und was mich betrifft: Man lebt halt nebeneinander her, solange es den Mäusen nicht einfällt, sich im Haus bis zu den Küchenvorräten durchzufressen.

Aber noch schnell ein Wort zu den Kaninchen. Nicht selten werde ich von besorgten Besuchern gefragt, ob die Kaninchen nicht zur Plage werden können. Nun, sie wurden in den Zwanzigerjahren ausgesetzt, haben sich ihrer Art entsprechend fleißig vermehrt, lockten zwischenzeitlich auch Jäger an, sind aber, soviel ich weiß, nie unangenehm aufgefallen, bis heute nicht. Wie viele es sind, entzieht sich meiner Kenntnis, wenige können es nicht sein. Auf ihre Kratzspuren und die Eingänge zu ihren unterirdischen Behausungen trifft man auf der Insel allenthalben, auch auf deren Bewohner selbst, aber mit einem Kaninchenüberschuss ist nicht zu rechnen. Sollte es tatsächlich zu einer Überpopulation kommen, müssten sie in die Randbezirke ausweichen, wo ihre Wohnungen bei Sturmflut überschwemmt würden. Auch das Nahrungsangebot auf Memmert ist vor allem im Winter begrenzt – diese Kaninchen sind eben wahre Insulaner, jeder Fluchtweg ist ihnen durchs Meer versperrt –, und schließlich sorgt auch die Myxomatose, die Kaninchenpest, regelmäßig für einen Rückgang ihrer Zahl. Im Übrigen freue ich mich durchaus, hin und wieder einem ungeflügelten Lebewesen zu begegnen.

Zahl- und artenreich sind natürlich die Insekten, die Spinnen und Käfer, die Schmetterlinge und Stubenfliegen, die insgesamt unter das Nahrungsangebot der verschiedensten Vogelarten fallen. Ich wiederum genieße das emsige Brummen und Surren, das den ganzen Sommer über in den Heckenrosen- und Sanddornbüschen herrscht, weil kein Fleckchen dieser Insel landwirtschaftlich genutzt wird und die Luft schadstofffreier nicht sein könnte; nur den Pferdebremsen und Stechmücken bringe ich wenig Zuneigung entgegen. Übrigens finden sich auch Ameisenhaufen auf Memmert, und fliegende Ameisen sind schon zu Zigtausenden meinem Heizungsraum entflogen, um irgendwo auf der Insel einen neuen Staat zu gründen. Damit aber wäre die gesamte Tierwelt von Memmert ausgiebig gewürdigt, und wir können zum vierten Punkt übergehen.

Es wird Ihnen gar nicht aufgefallen sein, dass ich die Rast- und Watvögelerfassung noch nicht beschrieben habe (sonst hätten Sie mich beizeiten daran erinnert). Also will ich auch dies jetzt abschließend nachholen.

Die Rastvogelerfassung ist ein schwieriges Unterfangen. Hier gibt es ja keine Gelege zu zählen, hier müssen die Vögel selbst erfasst werden, und die befinden sich bei Niedrigwasser weit draußen im Watt, auf große Flächen verteilt. Also warte ich, bis die Flut alle zum Rückzug auf die Insel zwingt, wo sie dann am Strand und in den östlichen Außenbereichen in großen Trupps gezwungenermaßen rasten und am Boden verweilen. Jetzt, vorübergehend nicht in die Nahrungssuche vertieft, sind sie besonders wachsam und würden sofort im Schwarm auffliegen, wenn ich nicht äußerst behutsam vorgehen würde.

Folglich schleiche ich mich an, suche in beträchtlicher Entfernung Deckung, baue vorsichtig mein Spektiv, ein großes Fernrohr, auf, nehme mir eine bestimmte Art vor und zähle die Tiere in meinem Bildausschnitt. Auf diese Weise gehe ich Schritt für Schritt vor, wechsele den Ausschnitt, zähle, wechsele ihn erneut, bis ich mit einer Art durch bin und mich der nächsten zuwenden kann. Das Ergebnis ist natürlich wieder eine Schätzung, eine Annäherung an die tatsächlichen Zahlen, aber immerhin erlaubt mir dieses Verfahren, Tendenzen zu ermitteln. Bei 25 000 Vögeln einer Art kommt es ohnehin nicht auf hundert mehr oder weniger an, und der Vogelwarte auf Helgoland reicht die Auskunft, dass der Bestand einer bestimmten Art stabil geblieben ist oder abnimmt oder wächst.

Und das wäre es. Mit der Rastvogelerfassung dürfte die Aufzählung jener Tätigkeiten vollständig sein, auf denen zusammengenommen die Daseinsberechtigung des Inselvogts beruht. Im Prinzip kann ich mich jetzt zurücklehnen, ein bisschen im Haus werkeln, wo immer kleinere Reparaturen anfallen, oder einen Abstecher nach Kachelot machen, um dort Ausschau nach neuen Anhaltspunkten für meine Lieblingsthese zu halten: dass es, in einer nicht zu fernen Zukunft, zu einer Verschmelzung von Memmert und Kachelot kommen wird.

29
ABSCHIED VON MEMMERT

Manchmal gehen meine Gedanken zu meinem Nachfolger. Es sind rein hypothetische Gedanken ... Unter meinen Mitbewerbern um den Posten des Inselvogts von Memmert waren damals etliche Traumtänzer. Großstädter, die sich einen Lebenstraum erfüllen wollten, als läge Memmert tatsächlich in der Karibik. Tut es nicht. Es gibt zwar immer wieder Momente, die alle romantischen Träume wahr werden lassen, aber die Regel ist: grauer Himmel, Regenschauer, heftiger Wind, lausige Temperaturen, vierzehn Grad Celsius selbst im Hochsommer, kurz: ungemütliche Daseinsbedingungen. Memmert ist eine Vogelinsel, keine Insel für hedonistische Eremiten. Auf Juist würde man leicht Schutz vor schlechtem Wetter finden, dort setzt man sich ins Café und tröstet sich bei Tee und Keksen, aber hier ist man überall Wind und Wetter ausgesetzt, hier stapft man stundenlang durch Wildnis, bevor man das rettende Reetdach erreicht, das die Dienstwohnung des Inselvogts krönt.

Mein Nachfolger, denke ich mir, sollte aus einer Zeit stammen, in der man noch improvisieren musste, weil bestimmte Gerätschaften noch nicht erfunden oder noch nicht auf dem Markt waren. Die neue Zeit begünstigt den Einfallsreichtum auf praktischem Gebiet jedenfalls nicht, und ohne ein Gehirn, das sich von den allgegenwärtigen digitalen Lebensbewältigungshilfen freimachen kann, wird man hier auf der Insel kaum glücklich werden.

Eine wetterfeste Mentalität in Kombination mit ornithologischen und morphologischen Kenntnissen vorausgesetzt, müsste mein Nachfolger also technische Versiertheit mitbringen, damit er nicht gleich zu weinen anfängt, wenn Strom oder Gas oder Trinkwasser ausfallen. Außerdem sollte er unbedingt etwas von Wattenschifffahrt verstehen. Und schließlich müsste er sich zutrauen, Memmert für die Vogelwelt zu erhalten.

Das versteht sich angesichts des Flächenverbrauchs an der Küste nicht von selbst. Die Nordsee selbst wird mit Tausenden von Windkraftanlagen zugepflastert – von denen es einmal hieß, sie seien von den Inseln aus mit bloßem Auge nicht sichtbar, was sie natürlich sehr wohl sind –, und an den Küsten des Festlands kreisen die riesigen Propeller längst dicht gestaffelt. Schon drängen sie sich auch auf den letzten freien Flächen der küstennahen Marschlandschaft, und wo man früher in eine große Weite kam, recken sich heute Wälder von weiß schimmernden Windrädern in den Himmel über Ostfriesland. So unverzichtbar solche Anlagen sein mögen – alle Inseln sollten davon verschont bleiben.

Zwei Faktoren, denen beim besten Willen nicht Einhalt zu gebieten ist, sind Wind und Wasser. Ich habe meine Aufgabe als Inselvogt stets darin gesehen, Memmert vor schädlichen Einflüssen zu bewahren, doch immer in dem Bewusstsein, machtlos zu sein gegen die Kräfte, die an dieser Insel arbeiten. Sollte Memmert eines Tages eine

Sturmflut nur angeschlagen überleben, werde ich es gelassen hinnehmen, denn hier hat in allem die Natur das letzte Wort. Allerdings sieht es für mich so aus, als käme etwas ganz anderes auf uns zu. Eine Veränderung noch weit größeren Stils, als es die Verbindung von Memmert mit Kachelot wäre. Nämlich die Verschmelzung mit der Nachbarinsel Juist.

Man schaue sich die Kette der Ostfriesischen Inseln daraufhin einmal an. Alle mit Ausnahme von Juist weisen eine mehr oder weniger ausgeprägte Garnelenform auf: im Westen ein großer, rundlicher Kopf, dahinter, nach Osten hin, ein dünner, länglicher Schwanz (wobei Baltrum nur aus Kopf besteht). Einzig Juist weicht von dieser Form ab, nur Juist ist von vorn bis hinten, von der West- bis zur Ostspitze, lang und schmal. Und nun ziehe man in Gedanken eine Umrisslinie um den gesamten Komplex Kachelot-Memmert-Juist – was wird man erhalten? Genau jene Inselform, die für eine Ostfriesische Insel typisch ist: großer Kopf, lang auslaufender Schwanz. Sollten Kachelot und Memmert also tatsächlich mit Juist zusammenwachsen – wonach es für mich aussieht –, wäre Juist gewissermaßen vollendet, hätte seine Gestalt zumindest den anderen Inseln angeglichen und wäre gleichzeitig zu einer der größten Ostfriesischen Inseln avanciert.

Was für ein sensationelles Gebilde wäre dieses neue, große Juist! Hier das Dorf mit seinen fantastischen Stränden, seinen Urlaubermassen, seinem Freizeitangebot, und westlich davon, übergangslos, die vollkommen andere, unberührbare und stille Welt der Vögel und Robben. Und welche Herausforderung für denjenigen, der sich dann zwar nicht mehr Inselvogt nennen würde, aber nach wie vor meine Aufgaben und hoffentlich auch die nötige

Leidenschaft hätte! Der liebe Gott aber wird sich trotzdem noch nicht den Sand von den Händen klopfen und aufatmend feststellen dürfen, dass Juist jetzt endlich fertig ist. Die Umgestaltung der Küstenlandschaft ist ein immerwährender Prozess und die Erschaffung der Welt nie abgeschlossen, solange der Wind weht und die See im Rhythmus der Gezeiten pulsiert.

Was gäbe es noch zu sagen? Vielleicht dies: Wie schön etwas war, wie herzzerreißend, himmelschreiend schön, das merkt man oft erst hinterher, wenn's vorbei ist. Deshalb habe ich Aufzeichnungen gemacht und siebzehn Jahre lang alles festgehalten, was mir bemerkens- und bestaunenswert vorkam, Seltenes und Seltsames, das sich auch in der Wiederholung und in der Regelmäßigkeit zeigen kann. Jetzt liegen sie da, meine Aufzeichnungen der kleinen und großen Höhepunkte, in einer schwarzen Kladde auf dem Fensterbrett, immer zur Hand für den Fall, dass ich nach einem Tag im Gelände mit einem Erlebnis zurückkomme, dem ich später womöglich noch mehr Vergnügen abgewinne als im ersten Moment. Ich denke dabei auch an die Zeit nach meinem Abschied von Memmert. Es ist nun einmal so, dass sich in der Erinnerung vieles verklärt – man darf das ruhig für ein Glück halten –, und eventuell setze ich mich dann noch einmal hin und schreibe ein weiteres Buch. Das schönste Buch über Memmert, vielleicht noch schöner als dieses.

PHILIPPE J. DUBOIS / ÉLISE ROUSSEAU

Kleine Philosophie der Vögel

22 federleichte Lektionen für uns Menschen

Einsichten voller Weisheit

Vögel sind kleine Lehrmeister, die uns eine ganze Menge beibringen können. Denn auf wichtige Fragen des Lebens geben sie uns allein durch ihr Verhalten kluge wie einfühlsame Antworten – Antworten, die uns Menschen in einer hektischen Welt innere Ruhe und Gelassenheit schenken. Wir müssen sie nur hören.

Eine kluge wie feinsinnige Hommage an die Natur.

KIRK WALLACE JOHNSON

Der Federndieb

*Ein passionierter Fliegenfischer kommt
dem größten Museumsraub der Naturgeschichte auf die Spur*

Von toten Vögeln, reichen Männern und
einem unermesslichen Verlust für die Menschheit

Warum stiehlt ein Dieb aus der ornithologischen Abteilung des Britischen Naturkundemuseums unzählige Vogelbälge, darunter unschätzbar wertvolle Federkleider von Paradiesvögeln, einst gesammelt von Darwins Konkurrenten Alfred Russel Wallace?
Der Autor, ein passionierter Fliegenfischer, nimmt die Spur der Federn auf. Seine detektivische Suche führt hinein ins Herz der Naturgeschichte. Er folgt den Fußstapfen von Entdeckern ins Viktorianische Zeitalter. Und er trifft Hobbykünstler, die auch heute Fliegen zum Forellenfischen nach den historischen Vorlagen binden – aus den kostbarsten Federn der Welt. Doch wird es ihm gelingen, den Federndieb zu finden und zur Rückgabe des Diebesguts zu bewegen?

»Ein aufwühlender Bericht über die katastrophalen Folgen menschlicher Gier für bedrohte Vogelarten, ein starkes Argument für den Umweltschutz – und vor allem: ein fesselnder Kriminalfall.« *Peter Wohlleben*